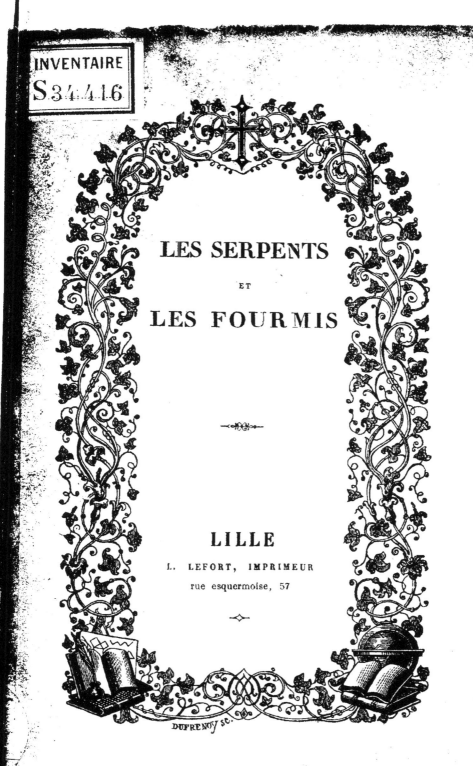

LES SERPENTS

ET

LES FOURMIS

LILLE

L. LEFORT, IMPRIMEUR

rue esquermoise, 57

DUFRENOY SC.

LES SERPENTS

D'un coup de sa hache il coupa la tête
de l'effroyable reptile.

LES SERPENTS

LES FOURMIS ET LES INSECTES

LES COQUILLAGES

LES CRUSTACÉES — PHÉNOMÈNES

INSTINCT DES ANIMAUX

troisième édition

LILLE

L. LEFORT, IMPRIMEUR - LIBRAIRE

MDCCCLX

LES SERPENTS

Dieu est pour les hommes un père plein de bonté. L'immense variété des êtres de la création en démontrant sa puissance, nous fait voir aussi combien nous dépendons de son souverain domaine, et combien depuis sa chûte l'homme a perdu de sa royauté sur les animaux et sur la nature tout entière. Si d'une part les fleurs

et les oiseaux embellissent cette terre devenue
un lieu d'exil, de l'autre, des bêtes farouches,
cruelles, monstrueuses, lui apprennent qu'il
n'est plus le maître ici-bas et qu'il doit réparer
et expirer pour conquérir la véritable patrie.

Parmi les animaux qui inspirent en général
le plus d'horreur, il faut placer le serpent, si
tristement célèbre dès l'origine du monde et qui
a conservé le caractère de malédiction [1] qui lui a
été imprimé par Dieu lui-même dans le paradis
terrestre.

Les serpents forment la seconde classe des am-
phibies. Ils n'ont point de pieds ; mais ils rampent
par un mouvement sinueux et vermiculaire, au
moyen des écailles et des anneaux dont leur corps
est couvert : leurs vertèbres ont une structure
particulière qui favorise ce mouvement. Plusieurs
de ces serpents ont la propriété d'attirer les
oiseaux ou les petits animaux dont ils veulent
faire leur proie : saisis de frayeur à la vue du
reptile, étourdis peut-être par ses exhalaisons
venimeuses et par sa puanteur, ces oiseaux n'ont

[1] GEN. III. 14.

pas la force de fuir, et ils tombent dans la gueule
béante de leur ennemi. Comme les mâchoires des
serpents peuvent prendre une extension considé-
rable, ils avalent quelquefois des animaux dont
le volume est plus gros que celui de leur tête.
Plusieurs, tel que la vipère, ont dans la gueule
certaines dents différentes des dents ordinaires,
au moyen desquelles ils insinuent, dans les plaies
qu'ils font, une humeur venimeuse qui sort d'une
bourse placée à la racine de la dent : ce venin a
la propriété de n'être nuisible que dans les plaies :
pris intérieurement, il est sans danger.

Les serpents qui sont pourvus des armes dont
nous venons de parler, ne font que la dixième
partie de l'espèce entière. Les autres ne sont point
venimeux, quoiqu'ils s'élancent sur les hommes
et sur les animaux avec autant de fureur que s'ils
pouvaient leur nuire.

Le serpent à sonnettes, le plus dangereux de
tous les serpents, a d'ordinaire trois à quatre
pieds de longueur : il est de la grosseur de la
cuisse d'un homme fait. Son odeur forte et désa-
gréable semble lui avoir été donnée par la nature.

ainsi que les sonnettes, afin que les hommes, avertis de son approche, pussent l'éviter. La sonnette placée à l'extrémité de sa queue est un assemblage d'anneaux creux, sonores, emboîtés l'un dans l'autre, et attachés à un muscle de la dernière vertèbre. On connaît, dit—on, l'âge de ce serpent par le nombre des grelots ou osselets de la sonnette. Jamais ce reptile n'est plus furieux et plus terrible que quand il pleut ou qu'il est tourmenté par la faim. Il ne mord qu'après s'être replié en cercle ; mais ce mouvement s'opère avec une vitesse incroyable : se rouler sur lui-même, s'appuyer sur sa queue, s'élancer sur sa proie, la blesser et se retirer, n'est pour lui que l'affaire d'un instant.

Cette agilité, dans un être dépourvu de bras, de jambes, de mains, de pieds, et qui, à l'exa-miner lorsqu'il est en repos, pourrait faire croire qu'il n'aurait pas même la faculté de se trans-porter d'un lieu à un autre ; cette agilité, dis-je, nous étonnerait, si nous n'étions pas déjà si fort accoutumés à admirer les ressources de la nature. Le corps des serpents, allongé, presque cylindrique, et très-flexible, peut se plier en différents sens. Quand l'animal veut changer de place, il commence par appuyer sur la terre la partie antérieure de son corps ; il soulève ensuite la partie moyenne en avançant la partie postérieure ; enfin il appuie cette dernière partie sur la terre, et porte en avant la partie antérieure en abaissant la partie intermédiaire. Par tous ces moyens, il fait, si l'on peut s'exprimer ainsi, un pas sans avoir de jambes, et c'est par ce mouvement progressif qu'il parvient à ramper. Cet animal peut se dresser sur la partie postérieure de son corps et se tenir debout en quelque sorte : il peut s'élancer à une certaine distance, et même nager, quoique dépourvu de jambes et de nageoires.

Les Romains appelaient *boa* certains grands serpents d'Italie, probablement la couleuvre à quatre raies ou le serpent d'Epidaure ; et ce nom leur avait été donné, selon Pline, parce qu'ils aimaient à se nourrir du lait des vaches. Aujourd'hui les naturalistes comprennent sous la dénomination de *boas* tous les serpents dépourvus de

crochets venimeux, ainsi que d'éperon ou de sonnette au bout de la queue, et qui se distinguent
d'ailleurs par leur mâchoire très-dilatable, leur
tête couverte de petites écailles, au moins à sa
partie postérieure, leur occiput plus ou moins
renflé, leur langue fourchue et très-extensible,
les bandes écailleuses, transversales et d'une seule
pièce qui garnissent le dessous de leur corps et de
leur queue; leur corps comprimé, plus gros dans
son milieu, et terminé par une queue prenante,
c'est-à-dire susceptible de s'enrouler autour des
objets, de manière à soutenir tout l'animal. Quoique dépourvus de venin, les boas n'en sont pas
moins redoutables, à cause de leur force extraordinaire qu'accompagne une agilité non moins
remarquable. C'est parmi eux que l'on trouve les
plus grands de tous les serpents : certaines espèces
atteignent trente et quarante pieds de longueur,
et parviennent à avaler des chiens, des cerfs, et
même des bœufs, à ce que disent certains voyageurs, après les avoir écrasés dans leurs replis, les
avoir enduits de leur salive, et s'être énormément
dilaté la gorge et le gosier. Tantôt ils poursuivent

leur proie, tantôt ils se cachent pour la guetter et la saisir à l'improviste. Tapis sous l'herbe, suspendus par la queue aux branches des arbres, ils attendent, comme à l'affût, sur le bord des fontaines ou dans quelque autre lieu de passage, que l'occasion leur amène quelque animal propre à satisfaire leur appétit, et dès qu'ils en aperçoivent un qui passe à leur portée, ils s'élancent sur lui, l'entourent, le pressent de leurs replis tortueux, l'écrasent et le broient pour ainsi dire, puis l'engloutissent après l'avoir enduit de leur salive muqueuse et fétide. Comme leur proie est souvent très-volumineuse et qu'ils ne la mâchent point, la déglutition d'abord et ensuite la digestion sont pour eux des opérations longues et pénibles. Quand on surprend un boa occupé à introduire dans sa gueule énormément distendue un corps qu'elle peut à peine recevoir, il est facile alors de lui donner la mort, car il ne peut ni fuir dans l'état où il est, ni se débarrasser de cette masse, qui retenue par ses dents recourbées en arrière, et par la disposition même des mâchoires, ne peut plus cheminer que dans le sens

où elle est entrée. Une fois la déglutition achevée ,
les boas se retirent dans un lieu écarté, où ils
demeurent presque immobiles , jusqu'à ce que
leur estomac soit déchargé ; et comme leur digestion dure fort longtemps, la putréfaction qui s'em-
pare de leurs aliments avant qu'elle soit achevée ,
et qui concourt même à la faciliter, répand autour
d'eux une odeur épouvantable qui révèle au loin
leur présence.

Sous le soleil ardent des contrées équatoriales
et surtout au milieu des déserts sablonneux de
l'Afrique , sont les serpents les plus féroces et les
plus sanguinaires. Ils établissent leur repaire auprès des mares , des fontaines ou des bords des
fleuves , pour s'élancer sur les gazelles , les anti-
lopes ou autres légers quadrupèdes que la chaleur
et la soif amènent au bord des eaux. Les tigres
de ces déserts viennent aussi sur ces rives , plutôt
pour y saisir leurs victimes que pour y étancher
leur soif; et là d'affreux combats se livrent entre
les deux animaux dévastateurs de ces solitudes.

C'est surtout au moment où la chaleur de ces
contrées est rendue plus dévorante par l'approche

d'un orage, et où l'action du fluide électrique
répandu dans l'atmosphère donne en quelque sorte
une nouvelle vie aux reptiles, que, tourmentés
par une faim extrême, animés par toute l'ardeur
d'un sable brûlant et d'un ciel embrasé, le serpent et le tigre se disputent avec acharnement et
fureur leur proie et l'empire de ces bords. Des
voyageurs ont été les témoins de ces luttes à ou-
trance ; ils ont vu un tigre furieux, dont les rugis-
sements portaient au loin l'épouvante, saisir avec
ses griffes, déchirer avec ses dents, faire couler le
sang d'un serpent démesuré, qui, roulant son
corps gigantesque, et sifflant de douleur et de rage,
serrait le tigre dans ses contours multipliés, le
couvrait de son écume, l'étouffait sous son poids
et faisait craquer ses os. Les efforts du tigre, pour
se débarrasser de son redoutable ennemi, furent
vains, ses armes furent impuissantes, et il expira
au milieu des anneaux de l'énorme reptile qui le
tenait enchaîné.

Il est une autre espèce de serpents, le naja,
que les Indiens parviennent à dompter et qu'ils
promènent de peuplade en peuplade. Ces jongleurs,

d'après le rapport du naturaliste Kempfer, ont grand soin, chaque jour ou tous les deux jours, d'épuiser le venin du naja, qui se forme dans des espèces de réservoir placés près de la mâchoire. Pour cela ils irritent le serpent et le forcent à mordre plusieurs fois un morceau d'étoffe et à l'imbiber de son poison. Puis, lorsqu'ils veulent le donner en spectacle, ils irritent l'animal en lui présentant un bâton. Le naja se dresse, s'appuie sur sa queue, enfle son cou, ouvre sa gueule, allonge sa langue fourchue, fait briller ses yeux, pousse son sifflement, et commence une sorte de combat contre son maître, qui, entonnant une chanson, lui oppose le bâton, ou même quelquefois le poing, tantôt à gauche, tantôt à droite. L'animal, les yeux toujours fixés sur la main qui le menace, en suit tous les mouvements, balance sa tête et son corps sur sa queue, qui demeure immobile et offre ainsi l'image d'une sorte de danse; spectacle dont les naturels du pays sont extrêmement avides. Le serpent peut soutenir cet exercice pendant un demi quart d'heure; et c'est alors qu'il devient plus difficile de le faire rentrer

dans le vase où il était renfermé. Il arrive quelquefois que le serpent prend. la fuite ou qu'il livre
un véritable combat au jongleur. Mais celui-ci,
expérimenté dans ses luttes, saisit d'une main le
naja, et d'un coup de sa hache il coupe la tête de
l'effroyable reptile.

LES FOURMIS

Les fourmis forment un petit peuple qui a ses colonies, ses trois ordres de citoyens, mâles, femelles et neutres, son gouvernement, ses lois et sa police. La diligence des fourmis à se procurer les matériaux dont elles ont besoin pour leur fourmilière, et leur industrie à les mettre en œuvre, sont admirables. Elles se réunissent pour creuser la terre et la charrier ensuite hors de l'habitation; elles y transportent une grande quantité de brins d'herbe, de paille, de bois, etc., dont elles forment un tas qui, au premier coup-d'œil, paraît fort irrégulier; mais ce désordre apparent cache un art et un dessein qu'on démêle dès qu'on cherche à les voir. Sous ces dômes ou petites

collines qui couvrent les fourmis , et dont la forme
facilite l'écoulement des eaux , on trouve des gale-
ries qui communiquent les unes avec les autres et
qu'on peut regarder comme les rues de la petite
ville. Partout éclate la sagesse du divin Auteur de
la nature.

Il existe des fourmis blanches , notamment en
Amérique et dans les Indes orientales. Elles sont
beaucoup plus fortes que les nôtres , leurs travaux
sont plus grands et plus remarquables. Elle construisent , par troupes , des habitations qui ont la
forme de pyramides qui s'élèvent quelquefois à
quatre ou cinq mètres au-dessus du sol. La solidité
de ces édifices est telle que les bœufs mêmes ne
peuvent les renverser à coups de pied ; et , lorsque plusieurs pyramides se trouvent rapprochées ,
on dirait , à quelque distance , que c'est un véritable village. Au reste , ces honnêtes maçons ne
sont rien de moins qu'un fléau pour les habitants
des tropiques , qui les appellent *termès* ou *termites*.
J'ai entendu raconter à un missionnaire de la belle
île de Ceylan que les termès y dévorent tout ,
jusque dans les maisons où ils s'introduisent ; il

n'est pas rare qu'en ouvrant une armoire on y trouve tout le linge déchiqueté par eux. Il est vrai que ce pays est le même où l'on jouit, le matin en se réveillant, des gracieuses évolutions de quelques demi-douzaines de serpents énormes et venimeux, qui se sont glissés dans la chambre, sous le lit, au plafond, sur la commode, à l'effet de donner la chasse aux mouches...

Lorsqu'une phalange de termès envahit une bourgade ; elle est quelquefois détruite en très-peu de temps, parce que nos blancs pionniers s'avancent sous terre jusqu'aux fondements des habitations et pratiquent de véritables gouffres qui engloutissent bientôt tout ce qui était élevé au-dessus. D'autres fois, ces guerriers à six pattes avisent un navire en mer, tiennent conseil sur ses qualités et défauts, l'examinent de loin en détail, et finissent par jeter sur lui leur dévolu, sans s'occuper plus du capitaine ou de l'armateur que si rien de semblable n'existait au monde. On dit adieu à ses anciens pénates de la terre ferme ou des îles, on fait ses paquets, ce qui n'est pas long, et on navigue en masse vers la nouvelle patrie flottante. On

grimpe à l'abordage ; point de trou où l'on ne
place une garnison, point de cordage où l'on n'é-
tablisse une sentinelle ; les vivres sont livrés à un
pillage effréné ; puis on s'en prend à la coque du
vaisseau, qu'on perce de tous côtés à la fois , jusqu'à ce qu'enfin il soit incapable d'aller plus longtemps.

A Surinam, dans la Guyane, il y a une fourmi
qui élève son nid de trois mètres au-dessus du sol ,
et si l'une des inondations qui sont fréquentes dans
ces contrées vient à emporter la fourmilière , les
habitants s'accrochent alors les uns aux autres par
les pattes et forment ainsi agglomérés , une sorte
de radeau qui leur permet d'aborder à quelque
rive.

Au sujet des fourmis des Indes orientales, nous
ne pouvons mieux faire que de donner la parole
à un célèbre naturaliste, Lyonnet, mort à la fin du
siècle dernier. « Ces fourmis, dit-il, ne marchent
jamais à découvert ; mais elles se font toujours des
chemins en galerie, pour parvenir où elles veulent
aller. Lorsque , occupées à ce travail , elles rencontrent quelque corps solide qui n'est pas pour

elles d'une dureté impénétrable, elles le percent
et se font jour au travers. Elles font plus : par
exemple, pour monter au haut d'un pilier, elles
ne courent pas le long de la superficie extérieure ;
elles y font un trou par le bas, elles entrent dans
le pilier même et le creusent jusqu'à ce qu'elles
soient parvenues en haut. Quand la matière au travers de laquelle il faudrait se faire jour est trop
dure, comme le seraient une muraille, un pavé
de marbre, etc., elles s'y prennent d'une autre
manière : elles se font, le long de cette muraille
ou sur le pavé, un chemin voûté, composé de
terre liée par le moyen d'une humeur visqueuse,
et ce chemin les conduit où elles veulent se rendre.
La chose est plus difficile lorsqu'il s'agit de passer
sous un amas de corps détachés. Un chemin qui
ne serait pas voûté par-dessus, laisserait par-des-
sous trop d'intervalle ouvert et formerait une route
trop raboteuse : cela ne les accommoderait pas.
Aussi y pourvoient-elles, mais c'est par un grand travail. Elles se construisent alors une espèce de tube,
un conduit en forme de tuyau, qui les fait passer par-
dessus cet amas en les couvrant de toutes parts.

Des fourmis de cette espèce, ayant pénétré dans
un magasin de la Compagnie des Indes orientales,
au bas duquel il y avait un tas de clous de girofle
qui allait jusqu'au plancher, firent un chemin
creux et couvert qui les conduisit par-dessus ce
tas, sans le toucher au second étage. Pour opérer
cette ascension, elles percèrent le plancher et gâtè-
rent en peu d'heures pour plusieurs milliers d'é-
toffes des Indes, à travers lesquelles elles se firent
jour. Des chemins d'une construction si pénible
semblent devoir coûter un temps excessif aux fourmis qui les font : il leur en coûte pourtant beaucoup moins qu'on ne le croirait. L'ordre avec lequel
une grande multitude y travaille fait avancer la
besogne. Deux grandes fourmis conduisent le travail et indiquent la route, elles sont suivies de
deux files de fourmis ouvrières, dont les fourmis
d'une file portent la terre, et celles de l'autre une
eau visqueuse. De ces deux fourmis les plus avan-
cées, l'une pose un morceau de terre contre le bord
de la voûte ou du tuyau du chemin commencé ;
l'autre détrempe le morceau, et toutes deux le pé-
trissent et l'attachent contre le bord du chemin.

Cela fait, ces deux fourmis rentrent, vont se pour-
voir d'autres matériaux et prennent ensuite leur
place à l'extrémité postérieure des deux files. Celles
qui, après celles-ci, étaient les premières en rang,
aussitôt que les premières sont rentrées, déposent
pareillement leur terre, la détrempent, l'attachent
contre le bord du chemin, et rentrent pour chercher de quoi continuer l'ouvrage. Toutes les fourmis qui suivent à la file en font autant. Et c'est
ainsi que plusieurs milliers de ces petits animaux
trouvent moyen de travailler dans un espace fort
étroit sans s'embarrasser, et d'avancer leur ouvrage
d'une vitesse surprenante.

Les migrations de ces intelligents insectes rap-
pellent exactement la marche d'un corps de troupes. Ils forment des colonnes de douze à quinze
individus de front; la marche est régulière, le
mouvement uniforme. Il y a, de distance en distance, des flanqueurs qui se répandent aux envi-
rons jusqu'à deux pieds, pour explorer le terrain
et maintenir l'ordre; et même s'il faut en croire
certains observateurs, les termès auraient des ve-
dettes posées sur des plantes, à plusieurs milli-

mètres au-dessus du sol , et dont la consigne serait sans doute de faire connaître au corps d'armée
tout ce qu'elles peuvent apercevoir au loin. Il peut
arriver qu'on rencontre un corps ennemi, une tribu
en état d'hostilité , et dans ce cas-là , c'est l'*ultima
ratio regum* ; traduisez : « les coups de canon de
part et d'autre. » Un témoin raconte de la sorte une
guerre qui se passa sous ses yeux : « Les ennemis
s'approchèrent dans un ordre de bataille composé
de divers escadrons ; ils marchaient dans le plus
grand ordre. L'un des deux partis s'avançait sur
une colonne de front formant une ligne de trois à
quatre mètres de long , flanquée de différents corps
disposés en carrés et composés de vingt à soixante
combattants. La seconde armée , plus nombreuse ,
avait une ligne beaucoup plus étendue , quoiqu'elle
eût deux ou trois combattants d'épaisseur. Cette
disposition, plus savante, s'embellissait encore de
détachements laissés près des fourmilières pour
les défendre contre une attaque imprévue. La
grande ligne était flanquée , sur la droite , d'un
corps compact de plusieurs centaines de combattants ; un corps semblable, de plus de mille ,

flanquait l'aile gauche. Ces différents corps avan-
çaient dans le plus grand ordre et sans changer
leurs positions respectives. Les deux corps latéraux
ne prirent point part à l'action principale. Celui de
l'aile droite fit une halte pour former une armée de
réserve , tandis que le corps qui marchait en colonne à l'aile gauche , manœuvrant de manière à
tourner l'armée ennemie , s'avança rapidement
vers la fourmilière des adversaires et la prit d'assaut. (Ne croirait-on pas lire une page de Tacite ?)
Les deux armées s'attaquèrent avec acharnement
et combattirent longtemps sans rompre leurs lignes.
A la fin , le désordre se mit sur différents points ,
et la bataille continua par groupes détachés. Après
un combat sanglant qui se prolongea de trois à
quatre heures , les fourmis dont nous avons décrit
d'abord l'ordre de bataille et qui étaient moins
nombreuses, furent mises en fuite, abandonnèrent
leurs deux fourmilières et se réfugièrent sur d'autres points avec les débris de leur armée. Ce qu'il
y avait de plus intéressant dans cette scène singulière , continue le narrateur, c'était de voir ces insectes se faisant réciproquement des prisonniers et

transportant leurs propres blessés sur leurs derrières. Ils montraient tant de dévouement pour ces blessés, que le parti vaincu, en les transportant, se laissait tuer sans résistance plutôt que d'abandonner sa charge.

M. de Chesnel nous donne à son tour des détails vraiment curieux. « La fourmi rouge ou fourmi du manioc se réunit, dès que la nuit est close, en nombreux bataillons qui se mettent en campagne pour aller fourrager les feuilles du manioc. A leur retour, ces fourmis marchent en lignes serrées, et chaque individu porte verticalement, entre les pinces, des fragments de feuilles trois ou quatre fois plus longs que lui. Les fourmis amazones, grandes, fortes, roussâtres, vont souvent attaquer les retraites des fourmis noir-cendré. Cependant on a remarqué que dans leur agression elles n'emploient jamais la dent, et que, dans le combat, elles s'abordent loyalement corps à corps.

Le voyageur Smith rapporte que, pendant son séjour au cap Corse, l'habitation dans laquelle il se trouvait fut tout à coup envahie par des légions de fourmis dont les colonnes étaient si profondes

que, quoique l'intérieur de l'établissement fût
déjà occupé par ces dangereux ennemis, la queue
de leur armée n'en était pas moins à quelques centaines de mètres de distance. L'événement méritait
bien qu'on y donnât une sérieuse attention ; et ,
après un conseil tenu à ce sujet, on décida qu'il
fallait répandre sur la voie que parcouraient les
phalanges hostiles, de longues traînées de poudre
auxquelles on mettait le feu. Ce qui fut dit fut fait,
et bientôt des millions de ces guerriers d'un nouveau genre couvrirent le sol de leurs membres fra-
cassés ou plutôt pulvérisés. Les colonnes de l'ar-
rière-garde battirent alors en retraite.

Ceci prouve bien que ces insectes ont de la per-
sévérance et de la tenacité ; mais il y en a d'autres
preuves encore. Ainsi , toutes les personnes qui se
sont occupées de jardinage et d'agriculture, et même
les ménagères, gardiennes de sucreries et de con-
fitures à la campagne, savent avec quelle persévé-
rance et quelle adresse les fourmis reviennent à la
charge quand on a opposé quelque obstacle à leur
marche. Si on suspend , au milieu d'un apparte-
ment , un objet qu'on veut soustraire à leur rapa-

cité , elles montent le long des murs , suivent une ligne sur le plafond , et viennent descendre par l'un des supports quelconques qu'il a fallu établir pour maintenir l'objet de leur convoitise. Si l'on a entouré le pied d'un arbre ou d'un arbuste de quelque bourrelet trempé dans une essence qu'elles redoutent , elles transportent sur un point de ce bourrelet, de la terre , des fêtus et autres fragments qui établissent une couche et leur rendent le passage praticable. Lorsqu'un pot de fleurs ou un vase quel qu'il soit est placé au milieu d'un bassin comme une île, plusieurs d'entre elles se réunissent et forment une chaîne ou un pont volant à l'aide duquel des colonnes entières franchissent l'espace liquide. Il est vrai que , dans cette circonstance, quelques fourmis se trouvent noyées ; mais cette considération n'arrête jamais les bandes , attendu que peu de leurs expéditions ont lieu sans entraîner la perte d'un nombre plus ou moins grand des leurs. L'Ecriture sainte fait un grand éloge de l'intelligence de la fourmi ; en cela , ce n'est pas l'animal lui-même qu'il faut admirer , c'est la main souverainement puissante et sage qui l'a fait ce qu'il est, et qui déversifie si merveilleusement la vie, l'instinct, les conditions de la vie des créatures peuplant l'espace.

Peut-être est-il superflu de rappeler aux naturalistes qu'il n'est pas d'anatomistes plus habiles que les fourmis à préparer un squelette. Si l'on veut, par exemple, se procurer celui d'un oiseau ou d'un petit quadrupède quelconque, il suffit de le déposer à portée d'une fourmilière, et l'on est bientôt en possession d'une charpente parfaitement propre.

Au résumé, diront quelques lecteurs, tout cela est fort curieux à lire une fois ; mais on désirerait peut-être davantage savoir le moyen de se délivrer d'un hôte aussi incommode que ces infatigables envahisseurs des jardins et des haies et même des offices. La Providence elle-même a remédié à l'excès de multiplication de la fourmi en lui suscitant un adversaire aussi fin qu'elle et pourvu d'un bon appétit : c'est une espèce de cloporte extrêmement rusé, appelé le *fourmi-lion*, qui l'attire dans des embuscades où il en fait un effrayant carnage. Les mœurs de cet autre animal mériteraient un tableau : l'espace nous manque pour y travailler. Disons seulement que si l'on veut aider le Romina-grobis de dame fourmi, on fera bien de jeter de la sciure de chêne sur les fourmilières; à la première pluie, la tribu entière disparaîtra.

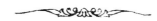

LES INSECTES

Nulle part l'immensité des ouvrages du Créateur ne se montre avec plus d'éclat que dans l'innombrable multiplicité des petits animaux qui sont classés dans les insectes et dont nous venons seulement de décrire une des espèces les plus intéressantes. On connaît au moins quarante mille sortes de plantes, et, dans ce grand nombre, ainsi que dans celles qui nous sont inconnues, il n'en est peut-être point qui n'ait ses insectes particuliers. Telle plante, tel arbre, comme le chêne, suffit à en élever plusieurs centaines d'espèces différentes. Combien y en a-t-il cependant qui ne vivent pas sur les plantes ! combien qui dévorent les autres, qui se nourrissent aux dépens

des plus grands animaux qu'elles sucent continuellement, ou qui sucent d'autres insectes ! combien
enfin dont les unes demeurent la plus grande
partie de leur vie dans l'eau, et dont les autres l'y
passent tout entière !

Mais, ce qui est plus intéressant encore, quelle
sagesse ne découvrirons-nous pas dans tout ce qui
concerne ces classes d'insectes, si diversifiées entre
elles, dans les différentes formes qu'ils revêtent
pendant la durée de leur existence, dans la manière dont ils se perpétuent, dans la sagacité et
l'industrie dont la Providence les a doués pour leur
conservation ! Ces connaissances nous donnent lieu
d'admirer l'Auteur de tant de prodiges. Pour-
rions-nous rougir de mettre au nombre de nos
amusements, et même de nos occupations, les
observations et les recherches qui ont pour objet
des ouvrages où l'Etre suprême s'est plu à renfermer tant de merveilles, qu'il a rendues plus
intéressantes encore par les proportions et par la
grande variété qu'il a su y répandre ?

En observant les différentes manières de vivre
des insectes, comment ils se procurent les aliments

convenables ; leur prévoyance pour se défendre
des injures de l'air ; leurs soins pour multiplier
et conserver leur postérité ; le choix des endroits
où ils déposent leurs œufs , afin qu'ils ne courent
aucun risque , et pour que les petits qui en
écloront trouvent à leur portée une nourriture
propre dès l'instant de leur naissance ; le soin que
d'autres ont de nourrir eux-mêmes leur progé-
niture ; puis – je ne pas sentir redoubler mon
amour pour le Père commun des êtres , qui veille
si universellement à leurs besoins , à leurs plaisirs ! Quoi ! je ne serai pas touché de cette tendresse maternelle avec laquelle les abeilles et certaines guêpes portent plusieurs fois chaque jour
la becquée à leurs petits comme le font les oiseaux ? Je contemplerais, sans le plus vif intérêt,
d'autres de ces petits animaux déposant leurs vers
ou larves dans des cellules qu'ils construisent de
terre , et les y renfermant avec la provision d'aliments qui leur est nécessaire jusqu'à leur accroissement parfait ! Et quelle femme, quelque hideuse
que soit d'ailleurs pour elle l'araignée , n'écoute
pas , du moins avec une sorte de sensibilité ,

l'histoire de celle qui renferme ses œufs dans
une petite boîte de soie qu'elle porte toujours avec
elle ? Peut-elle se représenter sans attendrissement
les petits, lorsqu'ils sont nés, montant sur le
corps de leur mère, s'y arrangeant les uns après
les autres, s'y tenant cramponnés lorsqu'elle court
avec le plus de vîtesse ?

Des insectes naissent avec une peau tendre et
délicate, que l'air dessécherait trop, et qui ne
résisterait pas au frottement continuel qu'elle
serait exposée à essuyer : la nature leur enseigne
à se façonner de véritables habits. Les uns les
font de laine, les autres de soie ; ceux-ci de
feuilles d'arbres, ceux-là d'autres matières. Il en
est qui savent les allonger et les élargir au
besoin : d'autres, quand ils leur sont devenus
trop courts et trop étroits, ont l'art de s'en faire
de nouveaux.

Par une sage attention de la Providence, et
pour que les espèces ne se multiplient pas avec
excès, il règne parmi les insectes, comme chez
les autres animaux, des antipathies, des inimi-
tiés : ils ont entre eux leurs ruses et leurs combats.

Les plus gros font la guerre aux petits; les plus
faibles deviennent la pâture des plus forts. Tous
se mangent réciproquement, ou se détruisent d'une
autre manière. Armés de pied en cap, ils sont
en état d'attaquer et de se défendre : des dents
en scie, un dard ou aiguillon ; pinces, cuirasse,
ailes, cornes, ressort dans les pattes : chacun sait
où trouver son salut. Mais malheur à celui qui
perd ses ailes et son aiguillon dans une bataille ;
car ces membres ne reviennent point, et l'insecte,
s'affaiblissant continuellement, meurt bientôt.

On ne se lasse point d'admirer les manéges
divers de ces petits animaux. L'un, pour en
imposer à ses ennemis, a l'art, quand on le
touche ou qu'on le poursuit, de jeter, avec un
bruit presque semblable à celui d'une arme à
feu, une fumée qui paraît d'un bleu fort clair;
et il peut tirer ainsi jusqu'à vingt coups de
suite. Un autre, lorsqu'on veut le prendre, ex-
prime une sorte de liqueur d'une odeur puante
et fétide, et pince fortement les doigts qui veulent le saisir. Le *boursier* s'enfonce dans les fientes
d'animaux, et sait former de ces matières une

espèce de boule qui le dérobe à la recherche de
ses ennemis. Ceux-ci , quand on les touche , re-
plient leurs pieds et leurs antennes , les cachent
et restent immobiles , jusqu'à ce qu'ils se croient
hors de danger. En vain on les pique , on les
déchire ; une chaleur un peu forte les oblige
seule de reprendre leur mouvement pour s'en-
fuir. Ceux-là choisissent nos maisons pour domicile et se nichent dans les trous des murs ,
au voisinage des fours et des cheminées. Pour
renfermer ses œufs , le *scarabée aquatique* sait
filer une coque singulière , dont la forme est
celle d'un sphéroïde aplati : les petits , quelque
temps après qu'ils sont éclos , s'y pratiquent une
ouverture et se précipitent dans l'eau : une espèce
de corne un peu recourbée , longue d'environ
un pouce , large par sa racine et terminée en
pointe , sert à retenir aux herbes aquatiques la
coque à l'extrémité de laquelle elle est placée ,
lorsqu'un coup de vent ou quelque autre acci-
dent tend à la renverser.

Qu'elle est admirable l'Intelligence qui a créé
ces petits animaux ! et qu'elle est digne d'être

étudiée, dans la variété de leurs caractères, de
leurs mœurs, de tant de procédés industrieux !
Aucun de ces insectes n'a été oublié : tous sont
également précieux à Celui qui leur a donné l'être ;
soumis à l'invisible main qui les dirige, tous
remplissent fidèlement le but de leur existence.
Mais la connaissent-ils cette main ? Pas plus que
les animaux des classes supérieures. Qui donc lui
paiera le tribut d'adoration et de reconnaissance
qu'on lui doit pour toutes ses œuvres ? L'univers
sera-t-il comblé de bienfaits sans qu'aucun être
sache les sentir et en témoigner sa gratitude ?

O homme qui, sur la terre, eus seul la raison
en partage, c'est toi qui fus établi le prêtre de
la nature, pour l'acquitter envers son Auteur.
Toutes les créatures le louent aussi à leur manière,
par leur fidélité constante à suivre ses volontés,
à tendre continuellement vers le but qui leur est
prescrit, sans jamais s'en écarter. Leur exactitude
devient même une leçon pour toi, qui, si souvent, oses résister à cette volonté suprême qui
régit le monde. Elle ne te créa libre que pour
rendre méritoires ta soumission et ton hommage,

puisqu'ils doivent être le fruit , non d'une néces-
sité aveugle , comme chez les animaux , mais de
l'intelligence jointe à la liberté.

LES COQUILLAGES

Un caractère commun semble rapprocher les
animaux à coquilles et les insectes à écailles ; les
uns et les autres ont leurs os placés à l'extérieur.
En effet, on peut regarder la coquille comme
l'os de l'animal auquel tient cette enveloppe,
puisqu'il l'apporte en naissant, qu'il y adhère
par différents muscles, et qu'elle croît à mesure
qu'il croît lui-même.

Les coquillages composent deux grandes fa-
milles : *conques*, dont la coquille est formée
de deux ou plusieurs pièces ; et celle des *limaçons*,
chez lesquels elle est d'une seule pièce, tournée
ordinairement en spirale. De là cette distinction
des coquillages en *univalves*, c'est-à-dire d'une

seule pièce, et en *bivalves* et *multivalves*, selon qu'ils sont composés de deux ou de plusieurs. La structure des coquillages de la première classe paraît beaucoup plus simple que celle des autres : les conques n'ont ni tête, ni cornes, ni mâchoires; on ne distingue en elles que les trachées des ouïes, une bouche, et quelquefois une sorte de pied. Au contraire, la plupart des limaçons ont une tête, des cornes, des yeux, une bouche et un pied.

Les testacées naissent environnés de coquilles très-dures et épaisses; à mesure que l'animal croît, sa maison, dont les parois intérieures sont tapissées d'une membrane très-fine, s'agrandit non-seulement en épaisseur, mais en circonférence.

Les coquilles se forment d'une liqueur qui sort de l'animal et se durcit peu à peu. Il n'est pas vrai toutefois qu'elles croissent, comme les pierres, par *juxtaposition*; c'est une erreur qui doit son origine à des expériences trompeuses ou équivoques. La coquille est réellement analogue aux os. Un appendice membraneux ou

parenchymateux du coquillage s'incruste peu à
peu, ainsi que les os, d'une matière terreuse ou
crétacée, qui donne à la coquille sa dureté, ses
couleurs et son lustre. Elle est donc formée de
deux substances très-différentes; et l'on ne s'ima-
ginerait pas que celle qui en fait le fond ou la
base, est molle, délicate et toute charnue.

La plupart des coquillages vivent dans l'eau,
et surtout dans la mer ; tantôt près du rivage ,
tantôt en pleine mer. Les uns sont carnassiers ,
les autres se nourrissent de plantes : plusieurs se
tiennent au fond des eaux, ou adhèrent à des
rochers sur lesquels ils restent immobiles. Les
huîtres ou d'autres animaux à écailles dures s'attachent fortement à différents corps au moyen
d'une espèce de glu ou de liqueur pierreuse ; et
souvent ils sont enlacés et collés les uns sur les
autres. Cette adhérence est volontaire dans quelques coquillages, qui se cramponnent selon que
les circonstances l'exigent : elle est involontaire en
d'autres, qui restent toujours immobiles sur le
même rocher.

Comme la plupart des coquillages habitent

le fond des eaux, il est très-difficile de faire des
observations exactes sur leur formation, leur manière de se nourrir, leur propagation, leurs
mouvements, etc. Aussi la connaissance que nous
avons de ces divers animaux est-elle très-impar-
faite. On ne connaît encore que quelques classes
de coquillages ; mais combien d'autres on en dé-
couvrirait peut-être, s'il était possible de porter
ses recherches au fond des fleuves ou dans les
abîmes des mers ! Jusqu'ici on ne s'est guère arrêté qu'à la figure et aux couleurs si belles et si
variées des coquilles : la vraie structure et le
genre de vie des animaux qui y logent sont encore
fort inconnus.

On commence à observer, dans les coquillages,
un accroissement assez sensible dans la perfection
organique. L'organisation du limaçon paraît se
rapprocher bien plus de celle des autres animaux
que l'organisation de l'insecte ou du ver. Ceux-ci
n'ont point de cœur proprement dit : une grande
artère paraît en faire les fonctions. Au contraire, dans l'escargot ou limaçon terrestre,
on trouve un véritable cœur dont la forme est

assez semblable à celle du cœur des grands animaux.

C'est à l'extrémité des cornes, comme au bout
d'un tuyau de lunette, que se trouvent les yeux
chez plusieurs espèces de limaçons : ceux du limaçon
terrestre sont placés au sommet de ses grandes
cornes ; les petites en sont dépourvues. Dans
d'autres espèces, ils sont situés à la base ou vers
le milieu de ces organes. Ils sont noirs et bril-
lants, et ont assez la forme d'un très-petit oignon.
A la simple vue, on n'y découvre que la tunique
qu'on nomme l'*uvée ;* mais ils ont les trois humeurs de notre œil.

La classe des coquillages nous fournit de nouveaux sujets d'admirer l'infinie grandeur de Dieu.
Que son empire est immense ! Partout on aperçoit des créatures qui, chacune à sa manière,
portent l'empreinte d'une puissance sans bornes.
Quel intéressant spectacle nous offrent les cabinets
où l'on conserve les coquilles de ces animaux !
La prodigieuse diversité qui se remarque dans
leurs dimensions, dans leurs formes, dans la ri-
chesse et la beauté de leurs couleurs, nous

montre visiblement le doigt de Dieu ; et tout nous
assure que dans la création de ces êtres singu-
liers, comme dans celle des animaux les plus
ordinaires , il s'est proposé des fins dignes de sa
sagesse.

LES CRUSTACÉES

Les *testacées* sont environnés de leur maison,
et la transportent dans les lieux où ils veulent
fixer leur domicile. La croûte plus molle qui revêt
les *crustacées*, peut être comparée à une armure
dont ils sont toujours couverts. On range parmi
ces derniers, le cancre, le homard, l'écrevisse,
les crevettes ou squilles, toutes les sortes de
crabes, dont les écailles leur font tenir le milieu
entre les testacées et les animaux mous.

Les crustacées n'ont ni sang ni os : on distingue chez eux une tête, un estomac, un ventre
et des intestins. Ils habitent les étangs marins,
l'embouchure des rivières, les lieux limoneux et
les fentes des rochers. Leurs aliments sont la

bourbe et la chair, et tous les ans ils changent de vêtement. Mais, pour donner une idée des crustacées, arrêtons-nous à l'écrevisse. Quand elle ne nous servirait pas de nourriture, elle ne laisserait pas, à d'autres titres, de mériter notre attention.

Depuis le mois de mai jusqu'en septembre, ces animaux subissent la grande révolution dont nous venons de parler. En déposant leur ancien habit pour se couvrir d'une nouvelle écaille, ils prennent de l'accroissement, et cette manière de croître est celle de tous les crustacées. Cette opération est assez violente. Au temps de la mue, l'estomac de l'écrevisse se renouvelle : il se détache, aussi bien que les intestins ; il se consume peu à peu, et il semble qu'alors l'animal se nourrisse des parties mêmes de son corps. Les petites pierres blanches et rondes qu'on appelle improprement *yeux d'écrevisses*, commencent à se former quand l'ancien estomac se détruit, et sont ensuite enveloppées dans le nouveau, où elles diminuent toujours de grandeur, jusqu'à ce qu'enfin elles disparaissent. Il y a lieu de croire que l'animal s'en sert comme d'un remède dans les maux d'estomac; ou peut-être sont-elles le réservoir de la matière qu'il emploie pour réparer la perte de son écaille.

Hors le temps de la mue, les écrevisses se tiennent au fond de l'eau, à peu de distance du rivage. En hiver, elles préfèrent le lieu le plus bas du ruisseau; mais elles s'approchent de la rive en été, si le besoin de nourriture ne les oblige pas de s'enfoncer plus avant dans l'eau. Pour qu'elles pussent saisir plus facilement leur proie, l'Auteur de la nature leur a donné plusieurs bras ou plusieurs jambes dont les unes sont quelquefois aussi grosses que la tête et le tronc pris ensemble. Mais ce qu'il y a de plus singulier, c'est la faculté qu'elles ont de les reproduire, ainsi que leurs cornes, lorsqu'elles ont été cassées. Les écrevisses peuvent même se défaire, à volonté, de ces membres, quand elles en sont incommodées. Cette opération, qui s'exécute dans quelque posture que soit l'animal, s'effectue cependant avec plus de facilité lorsqu'on le renverse sur le dos, et qu'avec de fortes pinces on

casse l'écaille et on froisse la chair à la troisième
ou dernière articulation de la patte. La douleur
force l'écrevisse d'agiter cette patte en tous sens ;
et bientôt la partie blessée se détache : une substance gélatineuse vient couvrir la plaie ; elle enveloppe, pour ainsi dire, le germe de la nouvelle
portion de jambe qui ne paraît d'abord qu'une
excroissance ou un petit cône ; mais peu à peu ce
cône s'allonge, prend la forme d'une patte et remplace enfin la première. Si l'on ôtait cette substance, l'écrevisse périrait.

Nous venons de voir que les crustacées naissent
vêtus ; mais il est un petit animal de ce genre,
qu'on prendrait pour une sorte d'écrevisse, lequel vient au jour dépourvu d'écailles, à l'excep-
tion de la partie antérieure ; et toutefois, il lui
en fallait une pour couvrir le reste de son corps,
dont la peau, mince et délicate, souffrirait d'être
à nu. La nature l'aurait-elle donc traité en ma-
râtre en lui refusant un tégument si nécessaire ?
Non, sans doute, la Providence, bienfaisante
envers tous les animaux, n'a point oublié celui-
ci ; et si elle n'a pas revêtu d'une coquille sa

partie postérieure , elle a fait autant pour lui en l'instruisant à s'en revêtir lui-même. Dirigé par un si grand maître, le *bernard-l'ermite* sait se loger dans la première coquille vide qu'il rencontre , et qu'il abandonne , quand elle devient trop étroite , pour en choisir une autre. Il se niche aussi dans différents corps caverneux qui ont assez de capacité pour le recevoir et assez de légèreté pour qu'il puisse les traîner facilement. Quelquefois, dit-on, il y a des combats entre les ermites pour une coquille , et elle demeure à celui qui a la plus forte pince.

Quelle étonnante variété nous offrent les divers habitants des eaux ! Pendant que les uns, toujours inquiets , furètent les plus petits recoins des rivages pour y chercher leur proie ; d'autres, tranquilles sur leurs besoins , restent immobiles à poste fixe pour l'attendre. Les uns , encroûtés de lourdes maisons de pierre, comme les casques et les tuilées , pavent le sol des rivages ; d'autres, attachés par des fils à de petits cailloux, se tiennent ancrés à l'embouchure des fleuves, comme les moules; d'autres se collent les uns aux autres , comme les huîtres ; d'autres, comme les lépas, se fixent aux rochers qu'ils lèchent ; d'autres s'enfouissent dans les sables , tels que la harpe, la vis et le manche de couteau ; d'autres , comme les homards et les crabes , couverts de boucliers et de corselets, sont en embuscade entre les cailloux , où ils ne laissent apercevoir que l'extrémité de de leurs antennes et de leurs grosses pinces. Quelle singularité nous présente surtout l'écrevisse , l'un des êtres les plus extraordinaires qui existent ! Un animal dont la peau est une pierre qu'il rejette tous les ans pour revêtir une nouvelle cuirasse ; un animal dont la chair est dans la queue et dans les pieds, et dont le poil se trouve dans l'intérieur de la poitrine ; qui a son estomac dans la tête , et qui chaque année en reçoit un nouveau dont la première fonction est de digérer l'ancien ; un animal qui porte ses œufs dans l'intérieur du corps lorsqu'ils ne sont pas fécondés , mais qui, après leur fécondation , les porte extérieurement sous la queue ; qui quelquefois a deux pierres dans l'estomac , où elles sont affermies et prennent des accroissements ; un animal qui se défait de

4

ses jambes lorsqu'elles l'incommodent, et qui les
remplace par d'autres ; un animal enfin dont les
yeux sont placés sur de longues cornes mobiles !
un être aussi singulier restera longtemps encore
un mystère pour l'esprit humain ; il nous fournit,
au moins, de nouveaux sujets de reconnaître et
d'adorer la puissance et la sagesse du Créateur.

PHÉNOMÈNES

Il y a peut-être un vice dans les habitudes et les principes de l'éducation telle qu'elle est généralement pratiquée : c'est de trop demander aux hommes et pas assez à Dieu, d'étudier les œuvres humaines et de négliger presque entièrement les œuvres divines. Le monde, on l'a dit souvent, est un grand livre où le Créateur a gravé sous mille formes sa pensée ; c'est le livre surtout que l'on devrait, dès l'enfance, nous apprendre à déchiffrer, puis à comprendre, autant qu'il est possible à notre intelligence bornée ; et certainement nous trouverions, dans ces admirables pages, des instructions autrement sublimes et précieuses que dans tous les volumes où l'esprit humain seul a

parlé. Nous n'observons point , par conséquent
nous entendons très-peu la nature ; tout au plus
donnons-nous parfois un moment à embrasser
d'un coup d'œil à moitié distrait quelque point de
vue pittoresque , un fleuve au cours accidenté ou
majestueux, une haute et verte montagne , quelque agreste vallée, l'épais feuillage d'une forêt;
pour les détails de ces choses, nous les négligeons,
ou, pour être plus vrais, nous ne songeons pas
qu'ils aient pour nous un langage. Mais , en retour , quels efforts de mémoire , quels frais d'ima-
gination, quelle étude , quand il s'agit de nous
incorporer la science des idées de l'homme con-
signées dans les écrits qui lui survivent !

Il n'est , dit Cousin-Despéraux, il n'est que trop
d'hommes semblables à l'animal stupide qui se
nourrit de l'herbe des prés et se désaltère le long
des ruisseaux, sans rechercher d'où lui viennent
les biens dont il jouit, et sans soupçonner la main
qui les lui prodigue si libéralement. Combien qui
n'ont aucune connaissance réfléchie des phénomènes même les plus ordinaires ! Tous les jours
ils voient le soleil se lever et se coucher; leurs

champs sont tantôt humectés par la rosée ou la
pluie, et tantôt fécondés par la neige; sous leurs
yeux, les plus admirables révolutions s'opèrent à
chaque printemps; mais, peu jaloux de rechercher les causes et les fins de ces divers phénomènes, ils vivent à cet égard dans l'ignorance la
plus profonde.

On se fatigue à inventer des amusements dont
on ne tarde pas à se dégoûter, tandis que la nature, avec une bonté maternelle, offre à tous ses
enfants le moins dispendieux, le plus innocent et
le plus durable des plaisirs : c'est celui dont jouis-
saient dans le paradis terrestre nos premiers pa-
rents. Véritable école pour le cœur, il ne nous
charme pas seulement, il nous enseigne éloquem-
ment ou nous rappelle nos devoirs. Quelle profonde vénération m'inspire pour le souverain Être
la pensée que c'est lui qui non-seulement a tiré la
terre du néant, mais qui l'a suspendue dans le vide
avec toutes les créatures qu'elle renferme; que
c'est sa main puissante qui retient le soleil dans
son orbite immense, et la mer dans ses limites!
Puis-je trop m'anéantir en présence du Créateur

de ces mondes innombrables qui roulent sur ma
tête ? Pourrais-je ne pas frémir à la pensée d'offenser ce Dieu dont le pouvoir est sans bornes et
dont un seul regard pourrait me rendre à mon
premier néant ?

Il y a longtemps que le prophète royal l'a dit, les
cieux annoncent la gloire de Dieu. Ces astres ma-
gnifiques, ces globes de feu, cet univers dont les
innombrables planètes jettent un éclat si merveil-
leux, nous révèlent la grandeur de Celui qui les
a créés ; mais ils ne nous les révèlent pas seuls. En
suivant l'échelle des êtres, nous trouvons à chaque
degré un même abîme de sagesse, de puissance et
de bonté. Quoi de plus surprenant que le monde
des inifiniment petits qui nous environne sans que
nous le soupçonnions peut-être ! Ces êtres chétifs
qui portent le nom d'*animalcules*, sont répandus
par milliards dans l'air, dans l'eau, dans toutes
les substances et dans notre propre corps. Le phy-
sicien Kiel, ayant mis un grain de poivre dans de
l'eau, aperçut peu après dans ce liquide une innombrable armée d'animalcules. Les comparant
alors à la grosseur d'un simple grain de sable,

tel qu'il en faudrait cinquante mille pour remplir un décimètre cube, il remarqua que les plus gros formaient à peine un deux-centième de ce grain de sable, les moyens un cinq-centième, et les plus petits un millième ! Le même observateur, stupéfait de ce calcul dont l'exactitude lui était démontrée, voulut aller plus loin encore et sonder plus avant ce mystère de création. Passant donc à la division des parties de ces petits animaux, il remarqua qu'il faut 25 globules du sang d'un homme pour remplir 1 centimètre cube ; en supposant que les globules du sang des animalcules fussent dans les mêmes proportions, il en faudrait 286 *mille* 400 *milliards de milliards* pour remplir un centimètre cube : d'où il résulte qu'il faudrait plus de globules pour former le volume d'un grain de sable, que de grains de sable pour former mille des plus hautes montagnes !

Un autre savant, Lowenhoeck, a constaté qu'il y a, dans une seule laite de morue, beaucoup plus d'animalcules qu'il n'y a d'habitants sur toute la surface de la terre ; que dans un seul pouce cube on peut placer *vingt-six millions de millions* de ces animaux ; que la pointe d'une aiguille en supporte plusieurs milliers, et que le plus petit grain de sable contiendrait plus de ces globules que *dix mille deux cent cinquante-cinq* des plus hautes montagnes de la terre ne contiennent elles-mêmes de grains de sable. Pour donner une idée de ces animalcules, Lowenhoeck les compare encore à un homme de moyenne taille, cinq pieds quatre pouces environ, et cet homme se trouve *trois milliards quatre cent cinquante-six mille millions de millions* de fois plus grand !...

Ces incomparables observations confondent ceux mêmes qui sont le plus accoutumés à réfléchir. Dans une petite quantité de cette poussière qui se forme sur le fromage, on aperçoit une fourmilière d'animaux de même espèce, dont il est possible de voir même les veines et la circulation des humeurs. Une très-petite goutte d'eau de mare, examinée au microscope solaire, se transforme en un étang où nagent une foule de petites bêtes de diverse nature. Ces êtres cependant ont des organes, des muscles, des veines

et des nerfs : quelle en est donc l'énorme peti-
tesse ? quelle sera celle de leurs œufs, de leurs
petits, des membres de ceux-ci, des articulations
des pattes, des poils qui les recouvrent ? La moi-
sissure du pain présente une épaisse forêt d'arbres
fruitiers dont on distingue les branches, les
feuilles et les fruits. Dans ce limon blanchâtre
que les aliments laissent sur les dents, on a découvert une autre armée d'animaux dont un million
n'occuperait que l'espace d'un grain de poudre à
canon.

Voyez la peau la plus fine et la plus satinée
d'un enfant. Etudiée de cette manière, elle vous
présentera de véritables écailles de poisson qui la
transforment en cuirasse ; chaque écaille est si
petite, qu'un simple grain de sable en peut couvrir
deux cent cinquante. Bien plus, une seule de ces
écailles couvre à son tour cinq cents pores ou ou-
vertures qui donnent passage à la transpiration
insensible. Eh bien, calculez maintenant ce que
peuvent être les différentes parties, les pores, les
écailles, les gouttes de la transpiration, dans ces
animalcules microscopiques qui peuplent l'échelle

inférieure des êtres! Encore ces animalcules ont-
ils eux-mêmes, nous devons le supposer, des
conditions d'existence à peu près semblables aux
nôtres ; sans doute ils se croient des géants auprès
d'autres animalcules dont ils font leur nourriture
ou qui s'attachent à eux. Et ainsi, il n'est pas
besoin, pour admirer la puissance de Dieu, d'a-
voir les yeux attentifs au brillant spectacle des
astres, tout nous l'annonce avec non moins d'élo-
quence dans le plus léger détail de la création.

Bien d'autres phénomènes non moins ordinaires, non moins intéressants, méritent nos réflexions. Il est tel exemple de grammaire qui nous
a répété à tous que les corneilles vivent trois cents
ans, et on l'assaisonne journellement de l'histoire
du benêt qui acheta un de ces oiseaux pour s'assurer du fait. On a prétendu, et nous ne savons
pas si le fait a été démenti, que les carpes du
bassin de Fontainebleau, auxquelles il est dé-
fendu de toucher, sont les mêmes qui y ont été
mises par François Ier, au XVIe siècle. L'éléphant paraît pouvoir vivre quatre siècles. Selon
Buffon, les baleines vivraient un millier d'an-

nées. Le professeur Schulz fait mention d'un per-
roquet qui, apporté en France en 1633, y vivait
encore en 1743, ayant alors cent dix ans. Il
parle aussi d'un poisson qui vivait en 1497 et
qui avait été apporté dans le réservoir deux cent
soixante-sept ans auparavant. On remarqua, sur une
tortue qui vivait en 1835, à Springfield (États-
Unis), la date de 1717, qui avait été gravée
sur sa carapace par son ancien maître. Dans la
même année 1835, on voyait aussi, dans le
jardin de l'évêché de Saint-Pétersbourg, une
autre tortue à laquelle on donnait deux cents
ans d'existence. On l'avait enchaînée pour éviter
qu'elle ne causât trop de dommage ; et un évêque
qui l'avait observée durant cinquante années,
n'avait aperçu en elle, disait-il, aucun accroissement. Le 30 juin 1843, un habitant de l'île
Saint-Louis, à Paris, prit une hirondelle qui
portait au cou, fixée avec une petite chaîne
d'argent, une plaque sur laquelle était écrit,
année 1724. L'oiseau avait donc cent vingt-neuf
ans d'âge à ce moment. Mais l'histoire naturelle
nous fournit des traits de ce genre plus frappants

encore, car ils renversent toutes les idées que nous avons sur les conditions essentielles de la vie. Les héros en sont les crapauds.

Ambroise Paré, le plus célèbre chirurgien de son temps et qui fut médecin du roi Henri III, rapporte ce qui suit : « Etant à une mienne vigne, près le village de Meudon, où je faisais rompre de bien grandes et grosses pierres solides, on trouva au milieu de l'une d'icelles un gros crapaud vif, et il n'y avait aucune apparence d'ouverture : et m'émerveillai comme cet animal avait pu naître, croître et avoir vie. Lors le carrier me dit qu'il ne me fallait émerveiller, parce que plusieurs fois il avait trouvé tels et autres animaux au fond des pierres sans apparence d'aucune ouverture. » — Dans les Mémoires de l'Académie des sciences, à l'année 1719, on lit ce passage : « Dans un pied d'orme de la grosseur d'un homme, trois ou quatre pieds au-dessus de la racine et précisément au milieu, on a trouvé un crapaud vivant, de taille médiocre, maigre, qui n'occupait que sa petite place. Dès que le bois fut fendu, il sortit, et il

s'échappa fort vite. Jamais orme n'a été plus
sain ni composé de parties plus serrées et plus
liées, et le crapaud n'avait pu y entrer par aucun endroit. L'œuf qui l'avait formé devait s'être
trouvé dans l'arbre naissant, par quelque acci-
dent bien particulier. L'animal avait vécu là sans
air, ce qui est encore surprenant ; s'était nourri
de la substance du bois, et n'avait crû qu'à mesure que l'arbre croissait. » — A l'année 1731
du même recueil, on trouve encore cette note :
« Nous avons rapporté, en 1719, le fait peu
vraisemblable et bien attesté d'un crapaud
trouvé vivant au sein du tronc d'un assez gros
orme, sans que l'animal en pût jamais sortir et
sans qu'il y eût aucune apparence qu'il y fût jamais entré. M. Seigne, de Nantes, écrit précisément le même fait à l'Académie, à cela près
qu'au lieu d'un orme, c'était d'un chêne plus
gros que l'orme, ce qui augmente encore la
merveille. Il juge, par le temps nécessaire à
l'accroissement du chêne, que le crapaud devait
s'y être conservé depuis quatre-vingts ou cent
ans, sans air et sans aliment étranger. » — « En

1783, on trouva, en Suède, un autre crapaud à 17 ou 18 pieds de profondeur, dans une carrière et au milieu de pierres de la qualité la plus dure. On n'avait pu approcher de l'animal qu'à l'aide du marteau et du ciseau ; il vivait, quoique très-faible, et sa peau racornie était couverte çà et là d'une croûte pierreuse. » — Une autre fois, à la fin du siècle dernier, on vint lire un mémoire à la même *Académie des sciences*, sur un crapaud découvert au milieu d'un massif de maçonnerie construit depuis cent ans. Beaucoup plus près de nous, il y a à peine quatre ans, un portier de la rue de Bréda, à Paris, en fendant une poutre provenant d'une maison bâtie au quatorzième siècle, rencontra, au cœur de la partie saine de cette poutre, un gros crapaud noir, qui aurait été ainsi l'habitant de ce morceau de bois depuis cinq siècles au moins ! Que de choses il aurait pu dire, si on avait eu le moyen de l'interroger, non point sur les événements publics et généraux de l'histoire, mais sur les mystères de la maison qu'il honora si longtemps de sa présence ! Que de péripéties, que d'intrigues, que de malheurs, que de vices peut-être, sur lesquels il a eu tout le loisir de méditer !

Un certain hibou, dont les journaux ont parlé en 1835, n'avait pas été mieux traité. Lorsqu'on démolissait la tour principale d'une ancienne abbaye, à Afflighem en Belgique, un des ouvriers, occupé à un travail difficile, découvrit, au centre d'une partie massive de la tour, une grande pierre carrée qu'il enleva après de longs essais. Cette pierre servait de couverture à une cavité de deux pieds carrés, qui avait été laissée dans la tour, il y a peut-être plus de deux siècles, quand on la construisit, et elle se trouvait entourée partout de plus de dix pieds de maçonnerie solide, telle qu'on en faisait du temps de nos aïeux. Quand la pierre en question eut été enlevée, on vit dans l'espèce de boîte que formait le vide un hibou endormi. L'animal fut saisi et porté dans une ferme voisine, où il ne tarda point à se réveiller. Il était blanc et maigre à l'excès. Il se refusa à prendre de la nourriture ; on le plaça dans une chambre où il eut de l'air et de la liberté ; mais il mourut deux mois après sa délivrance. — Au palais de justice de Paris, on a conservé long-temps le squelette d'un crocodile qui, d'après la tradition, avait été trouvé vivant dans un bloc de pierre, lors de la construction de cet édifice.

Il faut, en vérité, que la vie passagère que nous menons ici-bas soit bien peu de chose, pour que Dieu nous la mesure si courte, à nous sa créature par excellence, la seule qui puisse comprendre ce que c'est que vivre, tandis qu'il accorde des siècles à des animaux presque insensibles, dépourvus de raison, à peu près inutiles sur la terre !... Mais, en même temps, quelle infinie puissance de vie en lui-même ! Il communique l'être à tout ce qui existe, sans rien perdre du sien; il donne libéralement sans s'appauvrir jamais ; il pourrait donner encore des milliers de fois autant, et rien ne changerait en lui.

A chaque pas, dans la nature, nous ren-controns donc des sujets d'instruction et d'éléva-tion à Dieu. Que ne trouverions-nous pas, sur ce point, dans l'étude des plantes, des arbres,

des pierres et des métaux ? Tout nous révèle le
Seigneur. Sans le vouloir, je me suis laissé entraîner à parler des animaux. Une telle matière,
inépuisable même dans ses généralités, n'est cependant qu'une des plus courtes feuilles du grand
livre du monde, signé de la main de Dieu. Avec
quel soin tout est prévu, disposé, réglé ! Les
oiseaux voraces ont été pourvus d'ongles, de
fortes serres, d'un bec tranchant et crochu, afin
qu'ils puissent saisir et arrêter facilement leur
proie. Ceux qui doivent chercher leur nourriture dans les lieux marécageux avaient besoin d'un
bec long et grêle, ainsi que de longues jambes. Il
fallait que ceux qui vivent dans l'eau eussent la
partie inférieure du corps fort large pour nager
aisément, un long cou pour atteindre leur nourriture au fond des eaux, des membranes aux
pieds pour s'en servir en manière de rames, et
une sorte d'huile aux plumes pour empêcher l'eau
de les pénétrer. Les insectes qui vivent de proie
ont une bouche en forme de pinces ou de te-
nailles, et ceux qui se nourrissent en suçant sont
pourvus d'une trompe ou d'une langue qui en

fait l'office. Quel étonnement encore quand on
considère, dans les animaux, l'appareil des organes relatifs à leurs divers mouvements! Quelle
multitude de membres, quelle souplesse, quelle
flexibilité! que de muscles et de nerfs, que d'os
et de cartilages n'exigent pas des opérations
aussi variées! « Quelques-uns, dit l'auteur des
Leçons de la nature, se meuvent avec lenteur,
d'autres avec vitesse : ceux-ci n'ont que deux
pieds; ceux-là en ont un plus grand nombre;
les uns sont pourvus d'ailes et de pieds, d'autres
sont entièrement privés de ces membres. La lenteur ou la vitesse de leurs mouvements se règle
toujours sur les besoins de l'animal. Ceux qui
sont bien armés et qui ont assez de courage, d'a-
dresse et de force pour se défendre contre leurs
ennemis, se meuvent plus lentement que ceux
qui sont destitués de ces qualités. Qui a donné
aux serpents la force de s'étendre, de se rouler
en cercle et de s'élancer ensuite pour passer d'un
endroit à l'autre et pour saisir leur proie? Qui a
construit les poissons de manière qu'au moyen
d'une vessie ils peuvent à volonté ou monter ou

descendre dans l'eau? Est-ce par hasard qu'une
vessie, qu'on démêle aisément au microscope, se
trouve placée près des ailes dans la plupart des
mouches, pour les aider à s'élever à leur gré ou
à s'abaisser dans les airs, selon qu'en se gonflant
ou en se resserrant elle rend la mouche plus lé-
gère ou plus pesante? Chaque plume d'un oiseau
est un prodige. Le tuyau, roide et creux vers le
bas, est à la fois fort et léger; la barbe est rangée
régulièrement, large d'un côté, étroite de l'autre : ce qui sert admirablement au mouvement
progressif, de même qu'à la tissure forte et serrée
des ailes. Dans la partie osseuse des ailes, une
multitude de jointures s'ouvrent, se ferment ou
se meuvent, selon que le besoin l'exige, soit pour
étendre les ailes, soit pour les resserrer. Quelle
force dans les muscles pectoraux, pour procurer
à l'oiseau la faculté de fendre les airs avec rapi-
dité! En un mot, que de prodiges, que de sagesse, que de science, quel pouvoir dans Celui
qui a tout fait d'une parole ! »

Terminons par ces judicieuses réflexions qu'un
écrivain moderne met dans la bouche d'un sau-

vage : « Il s'agit bien de livres ! s'écrie-t-il. Qu'ai-je à démêler avec eux, moi qui suis un guerrier du désert? Je n'en lis jamais qu'un, et les mots qui y sont écrits sont trop simples et trop clairs pour nécessiter beaucoup d'étude. — Quel est le livre dont vous voulez parler? — Il est ouvert devant vos yeux, et Celui qui le possède n'en restreint pas l'usage. J'ai entendu dire que certains hommes lisent des livres pour se convaincre qu'il y a un Dieu. Ses œuvres sont peut-être assez défigurées dans les villes pour que ce qui est évident au désert soit un objet de doute au milieu des marchands et des commis. J'admets donc les gens sceptiques. Mais qu'ils me suivent de soleil en soleil, à travers les débris de la forêt, et ils en verront assez pour apprendre qu'ils sont fous et que leur plus grande folie consiste à vouloir s'élever au niveau de Celui qui n'aura jamais d'égal ni en bonté ni en pouvoir. » — Dans un autre ouvrage qui a eu beaucoup de succès en Angleterre il y a plusieurs années, je lis aussi cette pensée philosophique d'un enfant de la solitude :

« Vous me parlez des plaisirs de l'intelli-

gence; vous figurez-vous que mon esprit n'en
goûte aucun? Je marche de main à main avec les
saisons, à travers le monde. L'hiver, notre ennemi naturel, est mon ami, mon compagnon.
C'est plein de joie que je le vois venir, avec son
manteau blanc, dans le bosquet dépouillé et sur
les arides montagnes. J'attends le printemps sou-
riant et couronné de fleurs, avec ses zéphyrs et ses
doux effets de lumière, avec le même plaisir que
je m'arrête à voir jouer un enfant chéri. Je salue le
mystérieux été, comme si le Dieu de mon pays
venait visiter notre race; et dans le jaunissant au-
tomne, avec ses beaux fruits et ses feuilles mou-
rantes, j'ai un camarade plein de pensées paisibles
et d'utiles méditations. L'aurore, le midi, le coucher du grand astre sont éloquents pour moi.
Pour moi encore, la tempête qui gronde, le
ruisseau qui murmure, les nuages et le vent
ont chacun leur parole. Je m'entretiens avec les
brillantes étoiles, quand elles se promènent va-
gabondes sur un ciel obscur; j'écoute la lune
et le soleil dans le concert de leur solitaire
pèlerinage. Que me faut-il de plus? Que

chercherais — je en dehors de la nature ? »

Rien, si ce n'est Dieu seul. Et c'est ce que trouve le chrétien fidèle, qui, suivant la belle pensée du cardinal Bellarmin, se fait des choses créées, des degrés pour s'élever jusqu'au divin Créateur de toutes choses.

L'INSTINCT DES ANIMAUX

I

Saint Augustin , dans son *Commentaire sur saint Jean* , distingue dans la création trois espèces de vie : celle des anges , celle des hommes et celle des bêtes. « La vie des bêtes, dit-il , est toute terrestre et occupée exclusivement au contentement de leurs appétits ; celle des anges est toute céleste et ne s'attache qu'à Dieu ; celle de l'homme tient le milieu entre l'une et l'autre nature. » Evidemment ici les animaux sont le moins bien partagés. Leur genre de vie offre cependant une curieuse et abondante matière à l'étude. On sait que des écrivains du premier mérite , des génies même , se sont dévoués à ce genre de travail , et

ont créé par lui la science de l'histoire naturelle,
domaine immense que nous ne pouvons aborder
dans ces courtes et simples pages. Aussi n'est-ce
que par un point, le plus important il est vrai,
que nous y voulons toucher. En rapprochant,
même pour une comparaison transitoire, la vie
des bêtes de celle des anges et de celle des hommes, saint Augustin l'élève à une grande hauteur.

D'autres saints ont fait plus que lui encore, et
je citerai notamment saint François d'Assise, le
plus aimable, le plus doux, le plus populaire de
ces amis de Dieu qu'honore la poétique Italie. En
lisant dernièrement sa vie, écrite avec un charme
infini par M. Chavin de Malan, je m'arrêtais à
certains chapitres qui m'ont paru extrêmement
touchants, et qui ont justement pour objet l'amour
des créatures de Dieu données ici-bas à l'homme
pour compagnons et pour serviteurs du dernier
ordre, je veux dire les animaux. Saint François,
rapproché de Dieu par cette charité ardente qui
semblait le consumer jusque dans son corps,
entrait pleinement dans la grande idée du Dieu
créateur ; tout ce qui était sorti de cette adorable

main lui paraissait digne de respect. Puis, selon l'ordre textuel de Jésus-Christ, il parcourait le monde, prêchant l'Evangile à *toute* créature, et *toutes* les créatures l'écoutaient avec tendresse. Par un admirable sentiment de piété, il les appelait toutes ses frères et ses sœurs. Je vais dire quelques-uns de ces traits, que la piété candide du lecteur accueillera et croira avec la même facilité que je les ai crus et accueillis moi-même.

Un jour, François vit un grand nombre d'oiseaux assemblés sur des arbres. Tout joyeux, il dit à ses compagnons : « Attendez-moi ici sur le chemin ; je vais prêcher mes frères les oiseaux. » Tous les oiseaux, dès qu'il se fut dirigé de leur côté, volèrent vers lui, qui sur une branche, qui sur la haie voisine, qui sur le sol et aux pieds du saint. Il leur dit avec amour : « Mes petits frères, vous devez toujours louer votre Créateur et l'aimer toujours, lui qui vous a revêtus de plumes, qui vous a donné des ailes, avec la liberté de voler en tous lieux. Il vous a faits avant toutes ses créatures ; il a conservé votre espèce dans l'arche de Noé ; il vous a assigné pour séjour les régions

5

pures de l'air : sans que vous semiez, sans que vous moissonniez, sans que vous ayez à vous en occuper jamais, il vous nourrit, il vous donne de grands arbres pour faire vos nids et il veille sur vos petits. Ainsi donc, louez toujours le bon Dieu. » Et pendant ce discours, dit le naïf chroniqueur italien, les petits oiseaux ouvraient leurs yeux et leur bec ; ils tendaient le cou et tenaient leur tête baissée vers la terre, comme pour témoigner combien les paroles de leur frère saint François les avaient réjouis. Le saint admirait leur nombre, leur magnifique variété, leur attention, leur bonté. Il leur donna sa bénédiction, et ils s'envolèrent. Et cet homme simple et pur, revenu vers ses disciples émerveillés, se faisait des reproches de n'avoir jamais, jusqu'à ce jour, parlé aux petits oiseaux, qui écoutaient avec un si grand respect la parole de Dieu.

Une autre fois, comme il prêchait les hérétiques dans la Romagne, et qu'ils ne voulaient pas l'écouter, à cause de la force de ses raisons qui les confondait, il remarqua qu'il se trouvait sur le bord de la mer, près de l'embouchure d'une

rivière ; aussitôt il appela les poissons de la part
de Dieu , afin qu'ils vinssent entendre sa sainte
parole , puisque les hommes la rejetaient. Ce fut
une chose belle et admirable , dit saint Antoine de
Padoue (et cette autorité est grave), qu'à ces paroles l'on vit aussitôt paraître sur l'eau une quantité presque infinie de poissons de la mer et de la
rivière , lesquels, s'assemblant peu à peu , s'unis-
saient, selon leurs espèces et qualités , les petits
près de la rive , et ainsi les plus grands et les plus
gros de rang en rang , tellement que rien n'était
plus agréable à contempler. Après qu'ils se furent
bien accommodés , selon leur volonté, François
leur fit le sermon suivant : « Mes frères les poissons , qui , étant créatures du commun Créateur
comme nous , êtes aussi obligés à le louer , con-
sidérez qu'il vous a donné pour demeure le noble
élément de l'eau douce ou salée , selon votre né-
cessité naturelle; il lui a plu que cet élément fût
transparent , diaphane et clair , afin que vous
puissiez plus aisément connaître ce que vous devez
embrasser ou fuir ; mais surtout lui êtes-vous
grandement obligés de ce que vous seuls , de toutes

les autres créatures , fûtes sauvés au déluge uni-
versel. Vous fûtes choisis pour sauver le prophète
Jonas , et , l'ayant gardé trois jours dans votre
ventre , vous le rendîtes vif sur terre. Vous avez
payé le tribut pour Notre-Seigneur Jésus-Christ et
pour son premier apôtre saint Pierre. Vous avez
toujours été sa viande pendant sa vie et après sa
mort, lorsqu'il ressuscita. Pour toutes ces raisons
et pour d'autres , dont je ne me souviens pas maintenant , vous êtes extrêmement obligés à remer-
cier Dieu. » Les poissons , continue saint Antoine
de Padoue , consentirent à l'exhortation par tous
les gestes qu'ils purent faire , baissant la tête ,
remuant la queue et se montrant désireux de s'approcher de lui. Se tournant alors vers les hérétiques , il leur fit honte de cet exemple : les hérétiques se convertirent aussitôt.

Prêchant dans le bourg d'Alvignano, au royaume
de Naples , et ne pouvant être entendu , à cause
du bruit que faisaient des hirondelles qui avaient
là leurs nids , il leur adressa cette invitation :
« Hirondelles , mes sœurs , vous avez assez parlé ;
il est bien temps que je parle à mon tour. Ecoutez

donc la parole de Dieu, et gardez le silence pendant que je prêcherai. » Elles ne dirent plus un seul petit mot et ne bougèrent de l'endroit où elles étaient. Le grand docteur saint Bonaventure, qui raconte ce fait, ajoute qu'un bon étudiant de Paris, se trouvant interrompu dans son étude par le gazouillement d'une hirondelle, dit à ses condisciples : « En voici une de celles qui troublaient le bienheureux François dans son sermon et qu'il fit taire. » Alors il dit à l'hirondelle : « Au nom de François, serviteur de Dieu, je te commande de te taire et de venir à moi. » Elle se tut dans le moment et vint à lui. Mais dans la surprise qu'il en eut, il la lâcha et n'en fut plus importuné.

Entre tous les animaux, saint François aimait singulièrement ceux qui lui représentaient la douceur de Jésus-Christ ou qui étaient le symbole de quelque vertu. Les agneaux lui rappelaient le très-doux Agneau de Dieu, qui s'est laissé conduire à la mort pour la rédemption des péchés du monde. Lorsqu'il passait le long des pâturages, il saluait amicalement les troupeaux qui venaient à lui et lui faisaient fête à leur manière. Apercevant une

pauvre petite brebis qui paissait seulette au milieu
d'un troupeau de chèvres et de boucs, il fut ému
de pitié et dit à ses frères : « Ainsi notre doux Sau-
veur était au milieu des Juifs et des pharisiens. »
Ils résolurent d'acheter la brebis ; mais ils ne pos-
sédaient rien au monde que leurs manteaux. Arrive
un marchand qui, instruit du sujet de leur douleur, paie la brebis. Saint François la mena avec
lui chez l'évêque de la ville, qui s'émerveillait
fort de la simplicité du saint. — Etant à Rome en
1322, il conduisait toujours avec lui un petit
agneau. Lorsqu'il fut près de partir, il le confia
à une pieuse dame, et ce petit animal la suivait à
l'église, y demeurait et en revenait avec elle, sans
jamais la quitter. Si elle était moins exacte à se
lever, il allait à son lit, où, en bêlant, frappant
de la tête et par d'autres petits mouvements, il
semblait l'avertir d'aller servir Dieu.

Saint François ne pouvait pas voir mener les
agneaux à la boucherie; il pleurait et donnait ses
vêtements pour les racheter de la mort. On lui fit
présent d'une brebis dans son couvent de Sainte-
Marie-des-Anges ; il l'accepta avec bonheur. Il

causait avec elle, l'avertissait d'être soigneuse de
louer Dieu et qu'elle se gardât bien d'offenser les
religieux, « ce que cette brebis gardoit et observoit
à son possible, dit le vieux chroniqueur, même
aussi curieusement que si elle eût de la discrétion
pour obéir à son maître. Lorsque les religieux al-
loient chanter au chœur, cette petite bête alloit
aussi et les suivoit à l'église, où, sans que per-
sonne lui eût enseigné, elle s'agenouilloit ; puis au
lieu de chanter et de prier, elle bêloit devant l'autel de la Vierge Marie et de son fils l'Agneau sans
tache, comme les voulant saluer et louer. »

Je passe beaucoup de traits semblables, car la
vie de cet aimable saint en est remplie. En voici
un d'un ordre différent. Dans le temps où François habitait la ville de Gubbio, un loup ravageait
tout le territoire, et les citoyens armés marchaient
contre lui, comme ils eussent fait contre un ennemi. Saint François, malgré les prières de ses
frères, voulut aller seul à la rencontre du loup.
Dès qu'il l'aperçut, il lui commanda, au nom de
Dieu, de ne plus faire aucun ravage ; et cet animal
féroce, devenu doux comme un mouton, vint se

coucher aux pieds du saint, qui lui parla ainsi :
« Mon frère le loup, tu vas dévastant et tuant les
créatures de Dieu; tu es un homicide, et toute la
contrée t'a en horreur. Mais je veux, frère loup,
que tu fasses la paix avec elle. Comme c'est la faim
qui t'a porté au mal, je veux que tu me promettes
de ne plus le faire si l'on te nourrit. » Le loup,
en signe de consentement, parut baisser la tête.
« Donne-moi un gage, » reprit le saint en lui
tendant la main. Le loup leva familièrement une
patte de devant et la posa dans la main de son ami
et de son maître, et il le suivit dans la ville. Saint
François dit au peuple assemblé à cause d'une si
grande merveille : « Dieu a permis ce fléau, à
cause des pécheurs; mais la flamme éternelle de
l'enfer est plus redoutable que la férocité d'un loup,
qui ne peut tuer que le corps. Mes petits frères,
tournez-vous vers Dieu et faites pénitence de vos
péchés, et Dieu vous délivrera du loup dans le
temps, et de l'enfer dans l'éternité. Mon frère le
loup qui est ici m'a promis de faire un pacte avec
vous et de ne vous affliger en rien, si, de votre
côté, vous promettez de lui donner chaque jour la

nourriture nécessaire. » Le peuple s'engagea par acclamation. Le loup renouvela ses signes de consentement, et pendant dix années consécutives il vint dans la vile demander sa nourriture à la manière des animaux domestiques ; lorsqu'il mourut, les habitants eurent une grande douleur, car il était pour eux le mémorial de la vertu et de la sainteté de François.

Je n'en finirais pas si je voulais tout rappeler. Un jour, à Grecio, un frère lui apporta un petit lièvre qu'il avait pris vivant dans un filet. Saint François dit tout ému : « Mon petit frère le lièvre, viens avec moi : pourquoi t'es-tu laissé attrapper ? » Et le petit lièvre courut vers le saint, comme vers un asile très-sûr. Il le mit plusieurs fois à terre, afin qu'il pût retourner au bois ; mais toujours il revenait auprès du saint, qui fut obligé de le faire porter au loin dans la campagne. Saint Bernard aimait aussi à délivrer dans les bois les lièvres que les chiens allaient prendre, et les petits oiseaux menacés par l'épervier.

Ainsi ces pauvres bêtes que tant de gens maltraitent et considèrent comme d'insensibles ma-

chines, sont regardées par de grands saints comme
des amis, des frères de captivité, qui ont ici-bas
leur mission et leurs droits comme nous avons les
nôtres. Tout le monde connaît l'histoire de l'ânesse
de Balaam, dont le Seigneur délia la langue et
qui parla à son maître lorsqu'il allait maudire le
peuple d'Israël. C'est la sainte Ecriture que j'in-
voque. « Balaam, s'étant levé le matin, sella son
ânesse et se mit en chemin avec les députés de
Balac. Alors Dieu fut irrité, et un ange du Seigneur se présenta dans le chemin, devant Balaam
qui était sur son ânesse et qui avait avec lui deux
serviteurs. L'ânesse, voyant l'ange qui se tenait
devant le chemin, ayant à la main une épée nue,
se détourna et alla à travers les champs. Comme
Balaam la battait et voulait la ramener dans le
chemin, l'ange se plaça dans un endroit resserré,
entre deux murailles qui enfermaient des vignes.
A sa vue, l'ânesse se serra contre un mur et pressa
le pied de celui qu'elle portait et qui se mit à la
battre de nouveau. Mais l'ange, passant dans un
lieu encore plus étroit, où il n'y avait moyen de
se détourner ni à droite ni à gauche, s'arrêta de-

vant l'ânesse. Celle-ci, voyant l'ange arrêté devant
elle, tomba sous les pieds de celui qu'elle portait.
Alors Balaam, tout transporté de colère, se mit
à frapper encore plus fort, avec un bâton, les
flancs de l'ânesse, et elle commença à parler : Que
vous ai-je fait? dit-elle ; pourquoi me briser ainsi
pour la troisième fois? Balaam répondit : Parce
que tu l'as mérité et que tu t'es jouée de moi ; je
voudrais avoir une épée pour te percer... L'ânesse
lui dit : Ne suis-je pas votre bête, sur laquelle
vous avez été accoutumé de monter jusqu'ici ?
Dites, vous ai-je jamais rien fait de semblable ?
Il répondit : Jamais. Aussitôt le Seigneur ouvrit
les yeux à Balaam, et il vit l'ange qui se tenait
dans le chemin ayant une épée nue, et il l'adora,
prosterné en terre. » Quelle touchante narration !
Les mêmes livres sacrés ne dédaignent pas de nous
parler du chien de Tobie, qui arrivait de Ragès
en remuant la queue pour témoigner sa joie. Ils
nous montrent Jésus choisissant pour naître la
compagnie et la demeure de deux animaux domestiques. Ce sont des corbeaux qui portent à Elie sa
nourriture dans le désert. Jésus se compare lui-

même à un agneau. La fosse du premier ermite saint Paul est creusée par un lion qui, après ce travail, s'incline pour être béni par saint Antoine. En Espagne encore, pendant les prières des quarante heures, lorsque l'autel est couvert d'or, de soieries et de fleurs, on ménage au milieu du feuillage une place pour des oiseaux attachés à un ruban : leur gazouillement accompagne le chant des cantiques et des hymnes, et cette innocente louange semble intercéder pour les pécheurs qui n'ont pas, hélas ! la même pureté à présenter au Dieu trois fois saint. Gracieux et poétique usage, qui paraîtrait emprunté au séraphique saint François.

11

Pour se faire une idée aussi juste que possible de l'instinct des animaux , il n'est pas besoin de se livrer à de longues et difficiles études; il suffit d'observer les animaux que nous avons journelle-ment sous les yeux , et avec lesquels nous entrete-nons , en quelque sorte , un commerce familier. Séparez le petit agneau de sa mère , ils se cherchent l'un l'autre avec une ardeur égale , et lorsqu'ils sont à portée de s'entendre , ils s'avertissent par des cris auxquels le berger se méprend ; mais la mère distingue , entre mille agneaux , les cris de son petit, comme celui-ci distingue , entre mille mères, les cris de la sienne qui lui répond ; et les avis mu-tuels qu'ils se donnent de leur arrivée sont enfin

6

suivis d'une agréable réunion. Voyez maintenant
une poule avec ses poussins. A-t-elle fait quelque
bonne trouvaille , elle les appelle et les invite ; ils
la comprennent et accourent aussitôt. S'ils ont
perdu de vue cette mère qu'ils aiment tant , des
cris plaintifs expriment leur angoisse et le désir
qu'ils ont de la revoir. Je remarque les différents
cris du coq , soit lorsqu'un étranger ou un chien
entre dans la basse-cour, soit lorsqu'un épervier
ou quelque autre ennemi vient à frapper sa vue ,
soit lorsqu'il appelle ses poules ou qu'il leur répond. Que signifient ces cris lamentables de la poule
d'Inde qui remplissent tout à coup une basse-cour?
Ses petits se cachent et deviennent immobiles ; on
dirait qu'ils sont morts. La mère regarde vers le
ciel , et son anxiété redouble. Qu'y découvre-t-elle
donc? Un point noir que nous entrevoyons à peine;
et ce point est un oiseau de proie qui n'a pu échap-
per à sa vigilance et à ses regards perçants. L'ennemi disparaît ; la poule jette un cri de joie : l'in-
quiétude cesse , les petits se raniment et se rassem-
blent gaiement autour de leur protectrice. L'aboie-
ment du chien, si varié, si fécond , si riche en

expression , remplirait à lui seul un dictionnaire.
Qui pourrait demeurer insensible quand ce fidèle
domestique manifeste la joie que lui cause le retour de son maître ? Il saute , il danse , il court,
il tourne précipitamment autour de l'objet chéri ; il
s'arrête tout à coup , fixe sur lui ses yeux avec les
signes de la tendresse la plus vive , s'approche, le
lèche et le caresse à plusieurs reprises ; puis , re-
commençant son jeu , il disparaît , revient en traî-
nant quelque chiffon après lui , prend mille jolies
attitudes , aboie , raconte à tout le monde son bonheur et le fait éclater en mille manières. Mais combien les sons qu'il profère à ce moment ne diffèrent-
ils pas de ceux qu'il fait entendre la nuit lorsqu'il aperçoit un voleur, ou de ceux qui lui échap-
pent à la vue du loup ! Suivez-le à la chasse , vous
verrez comme il sait se faire entendre 'par tous ses
mouvements et particulièrement par ceux de sa
queue ; avec quel art il assortit sa démarche et ses
différents signes aux découvertes dont il veut faire
part. — Je chasse à la pipée, et je me sers d'une
chouette. Une hirondelle l'aperçoit, crie , vole
quelque temps autour du fatal oiseau et disparaît.

Au bout d'un quart-d'heure, je vois accourir des escadrons d'hirondelles qui me forcent à abandonner la chasse. La première avait donc été sonner le tocsin dans le quartier ?

Les corbeaux, aux ailes luisantes, ne se laissent approcher par un homme qui porte un fusil, qu'à la distance où le coup ne saurait les atteindre; on ne peut les toucher que par ruse ou par une savante ambuscade. Mais ils ne s'effarouchent point d'un homme qui n'a qu'un bâton, et ils suivent gaiement la charrue de très-près pour ramasser les vers ou les mulots que le soc a retournés. Au contraire, dans les pays où l'homme n'a jamais exercé sa puissance, où il paraît pour la première fois, les oiseaux ne le fuient point. C'est donc, dans le premier cas, la réflexion et le souvenir qui les ont instruits.

Les marsouins, qui sont des cétacés voyageurs, se réunissent aussi en escadres quand il faut traverser la haute mer, et obéissent à un commandant, au signal duquel ils se rangent en bataille en demi-cercle au-devant d'un vaisseau qu'ils rencontrent, y font diverses évolutions, et, par des siffle-

ments bruyants , aussi régulièrement exécutés que
le feu d'un bataillon , et plusieurs fois répétés ,
cherchent à effrayer le navire , qui leur paraît
sans doute un ennemi gigantesque , et qu'ils se
flattent vraisemblablement d'avoir mis en fuite
quand cet ennemi prétendu , qui est sous le vent
et dont ils ne peuvent suivre longtemps la course ,
s'éloignent d'eux : à peu près comme nos chiens
s'enorgueillissent de la retraite d'un carrosse qu'ils
ont poursuivi en aboyant. Mais c'est individuelle-
ment que les chiens font cette prouesse ; celle des
marsouins a lieu en société , suivant les ordres et
l'exemple de leur général, sous une discipline civile
et militaire.

Un chêne touffu et très-élevé , éloigné des habitations , servait la nuit d'asile à un grand nombre
de corbeaux ; on les y avait vus se retirer tous les
soirs. On y va deux heures après le coucher du
soleil, par une nuit assez claire , et on lâche sous
l'arbre un coup de fusil chargé de gros plomb. Les
corbeaux partent , mais aucun en fuyant ; tous, au
contraire , s'élèvent en ligne perpendiculaire,
comme une gerbe d'artifice. Leur calcul unanime

avait été que le coup de fusil partant du pied de
l'arbre et pouvant être suivi d'un second coup sur
ceux qui auraient filé, l'intérêt commun était de se
mettre en hauteur hors de portée, dans une direc-
tion où les branches pouvaient les garantir et où
les feuilles interceptaient la vue. « En 1783,
dit la *Bibliothèque britannique* (t. xı^e, p. 73),
des corbeaux avaient établi leur nid au milieu de la
ville de Newcastle et de la place du marché, sur la
girouette des bâtiments de la Bourse, de manière
à tourner avec elle et avoir toujours le vent en
arrière. Combien d'observations et de réflexions ne
leur avait-il pas fallu pour reconnaître ainsi les
propriétés d'une machine mobile, assurément très-
éloignée de leur conception première ! Ils furent
dépossédés par d'autres corbeaux jaloux, inhabiles,
qui laissèrent périr ce qu'ils avaient volé. Le nid
subsistait encore en 1790. »

Une hirondelle, à Paris, s'était prise par les
pattes dans une ficelle des gouttières du collége des
Quatre-Nations. Sa force épuisée, elle pendait et
criait au bout de la ficelle. Toutes les hirondelles
du vaste bassin compris entre le Pont-Royal et le

Pont-Neuf, et peut-être de plus loin, s'étaient réunies au nombre de plusieurs milliers; elles faisaient nuage, toutes poussant le cri d'alarme et de pitié. Après une assez longue hésitation et un conseil tumultueux, une d'entre elles inventa un moyen de délivrer leur compagne, le fit comprendre aux autres et en commença l'exécution. On fit place; toutes celles qui étaient à portée vinrent à leur tour, comme à une course de bague, donner en passant un coup de bec à la ficelle. Ces coups, dirigés sur le même point, se succédaient de seconde en seconde et plus promptement encore. Une demi-heure de ce travail fut suffisante pour couper la ficelle et mettre la captive en liberté. Mais la troupe, seulement un peu éclaircie, resta jusqu'à la nuit, parlant toujours d'une voix qui n'avait plus d'anxiété, comme se faisant mutuellement des félicitations et des récits.

Un moineau franc s'était emparé d'un nid d'hirondelles et le défendait vigoureusement. Les anciens maîtres, n'ayant pu rentrer dans leur héritage, invoquèrent leurs confédérés, dont la foule et les menaces ne purent pas davantage faire déguerpir l'usurpateur, que dans la forteresse aucun bec ne pouvait atteindre. Tout à coup la manœuvre change : l'assaut est suspendu ; le siége est converti en blocus ; quelques braves surveillent l'ouverture, et chacune des autres hirondelles apportant sa becquée de mortier, le nid se trouve en peu de moments muré comme la fatale prison d'Ugolin. Les cris des vainqueurs continuèrent d'intimider le reclus et l'empêchèrent de tenter une sortie avant que la consolidation du mur l'eût rendu impossible et que la privation d'air eût atténué ses forces. Le fameux Linné, qui ne hasarde pas ses observations, dit que cet exemple n'est pas rare. La sensibilité des hirondelles n'est pas moins touchante que leur patriotisme et leur respect pour la propriété. « Quand un des époux meurt, dit encore Dupont, il est rare que l'autre ne le suive pas en peu de jours. Le doux caquetage a cessé ; plus de chasse, plus de travail. Un sombre repos, un morne silence, sont les signes de la douleur à laquelle le survivant succombe. J'en avertis les jeunes gens, d'ailleurs bons et honnêtes, qui s'amusent quelquefois à leur tirer des coups de fusil ;

parce qu'elles sont difficiles à toucher. Mes amis, tirez des noix en l'air, cela est plus difficile encore, et repectez ces aimables oiseaux ; songez que chaque coup qui porte tue deux hirondelles, la dernière par un supplice affreux. »

III

Les éléphants, ces lourdes masses qui ébranlent tout autour d'elles, ont un instinct extraordinaire, dont on profite quelquefois dans les Indes pour faire d'eux de véritables serviteurs de la famille. Un éléphant ainsi dressé fut envoyé par son maître porter chez le chaudronnier un vase à raccommoder. Quand il revint, le vase fuyait encore. On le remit donc à l'animal, qui, pour se faire comprendre de l'ouvrier, va remplir ce vase à une fontaine et le laisse dégoutter sur la tête du chaudronnier.

On prétend que les pies comptent jusqu'à quatre sur leurs doigts. George Leroy, que nous avons cité, raconte lui-même ce qu'il fit pour s'assurer jusqu'où va le calcul arithmétique d'une pie. Au pied d'un arbre portant un nid de pie, il avait établi une cabane de feuillage dans laquelle il fit

entrer un chasseur. A l'arrivée du chasseur, la pie
quitte l'arbre et n'y revient pas que le chasseur ne
soit sorti. On y envoie deux chasseurs ; la pie les
compte à leur entrée et à leur sortie, et ne se
hasarde au retour qu'après leur départ. Elle en
fait autant pour trois, puis pour quatre chasseurs.
Mais lorsqu'il y en a cinq, la force de sa tête, pour
additionner et soustraire, est épuisée. Elle reste
éloignée jusqu'à la sortie du quatrième chasseur,
et n'ayant pas l'idée nette du nombre, n'ayant pu
le noter sur les doigts de sa patte, elle rentre chez
elle sans attendre que le cinquième chasseur soit
sorti.

On a trouvé en Amérique des araignées dont la
paix et l'abondance ont adouci les mœurs, et qui
vivent en société de cinq à six mille individus. Elles
ont de quinze à dix-huit lignes de largeur sur un
pouce de grosseur. Elles s'emparent d'un arbre et
le couvrent d'un filet tissu en commun, amarré
sur les arbrisseaux voisins par des cordes de leur
fabrique. Elles se dispersent à des distances égales
sur cette forteresse, surtout du côté du vent : là
elles vivent en paix entre elles. Un scarabée, un

papillon , un oiseau-mouche qui tombe dans le domaine de leur république , attire les cinq ou six
araignées les plus voisines. Celles qui peuvent l'en-
tourer se le partagent et mangent ensemble sans
se quereller ; les autres restent à leur poste.

Jamais une fourmi n'en rencontre une autre
sans s'arrêter pour s'entretenir à leur manière.
Quand elles ne sont que deux sur une route ,
venant en sens opposé , il est très-ordinaire de les
voir, après un moment de conversation , retourner
chacune de son côté. Il est sensible alors que l'une
d'entre elles portait un avis , qu'elle en a chargé
sa compagne , pour retourner plus vite à son travail, et qu'elles ont ménagé toutes deux leur temps
et leur peine : à peu près comme nos courriers,
qui changent leurs chevaux à demi-poste. On a
même vu , dans ces petits états qui sont démocra-
tiques, des séditions réelles. J'aurais, si je ne
craignais d'être trop long , un bel épisode de ce
genre à raconter, à propos du pillage d'un fruitier
par une colonie de fourmis !

Au Jardin des Plantes, un vieux chat de grande
taille, qui sans doute avait perdu son maître,

conduit par la misère au brigandage (la pauvreté
est mauvaise conseillère), n'y trouvait qu'une
ressource insuffisante. A peine restait-il dans ses
pattes desséchées de quoi cacher ses griffes ; son œil
était large, hagard ; sa maigreur affreuse ; son
aspect hideux. C'était près de la cuisine de M. Desfontaines, administrateur du Musée d'histoire naturelle, qu'il avait établi son embuscade ordinaire.
A la moindre négligence, il y entrait avec l'audace
du désespoir, saisissait la première proie, était loin
en trois sauts. On le poursuivait avec des balais, on
le frappait par où on le pouvait attrapper, et ce
n'était jamais qu'après les plus grandes terreurs
qu'il regagnait un asile momentané. L'administrateur, étant un jour à sa croisée, aperçut ce malheureux animal ; il paraît qu'il ne le regardait pas
d'un œil bien hostile, car le chat arriva aussitôt,
se jeta dans la chambre, et alla se blottir sur les
couvertures du lit, où il se mit à faire ce ronron
caractérisque de la paix. M. Desfontaines le prit
sous sa protection et lui fit donner régulièrement
sa nourriture. Ce chat avait eu occasion d'observer,
dans ses campagnes et dans ses expéditions précé-

dentes, que celui-là était le maître des autres.

Il est facile de remarquer dans les animaux domestiques une extrême habileté pour discerner le
maître de la maison et pour trouver les moyens de
lui plaire. Ils y sont adroits comme des courtisans,
et ce ne saurait être précisément par un instinct
naturel, car il n'y a pas une seule race d'animal
que la Providence ait faite domestique; ils ont tous
commencé par nous disputer les forêts.

Nous savons tous aprécier, sinon récompenser
de ses services, le cheval, cet animal à la fois
remarquable par ses forces et par la grâce de ses
allures, la vivacité de son regard, son brillant
courage, son existence laborieuse, et, enfin, par
son dévouement et la finesse de son instinct. Doué
de toutes les facultés physiques qui peuvent le
mettre à même de résister à l'homme, non-seulement il se courbe sous la volonté du maître exi-
geant, mais encore il se sacrifie avec ardeur pour
lui faire conquérir des richesses et de la gloire; et,
lorsque la mitraille et le carnage arrêtent les
hommes les plus éprouvés, le cheval, toujours
fier, toujours impatient d'aller vers le danger,

partage, sans jamais hésiter, toute la témérité, tout l'héroïsme dont veut faire preuve celui qui le guide. Docile à la voix, au moindre geste, il sait comprimer néanmoins tout le feu dont il est animé. Enfin, lorsque, déchu des honneurs, il lui faut aller achever ses derniers jours au sein de l'obscurité et des travaux les plus abjects et les plus pénibles, il se pénètre encore de patience et de zèle pour payer la nourriture qui lui est jetée. — « Un Arabe et sa tribu avaient attaqué, dans le désert, la caravane de Damas ; la victoire était complète, et les Arabes étaient déjà occupés à charger leur riche butin, quand les cavaliers du pacha d'Acre, qui venaient à la rencontre de cette caravane, fondirent à l'improviste sur les Arabes victorieux, en tuèrent un grand nombre, firent les autres prisonniers, et, les ayant attachés avec des cordes, les amenèrent à Acre, pour en faire présent au pacha. Abou-el-Marsch, c'est le nom de l'Arabe dont il est question, avait reçu une balle dans le bras pendant le combat ; comme la blessure n'était pas mortelle, les Turcs l'avaient attaché sur un chameau, et, s'étant emparés du cheval, emmenaient le cheval et le cavalier. Le soir du jour où ils devaient entrer à Acre, ils campèrent avec leurs prisonniers dans les montagnes de Saphadt ; l'Arabe blessé avait les jambes liées ensemble par une courroie de cuir, et était étendu près de la tente où couchaient les Turcs. Pendant la nuit, tenu éveillé par la douleur de sa blessure, il entendit hennir son cheval parmi les autres chevaux entravés autour des tentes, selon l'usage des Orientaux ; il reconnut sa voix, et, ne pouvant résister au désir d'aller parler encore une fois au compagnon de sa vie, il se traîna péniblement sur la terre à l'aide de ses mains et de ses genoux, et parvint jusqu'au coursier. — « Pauvre ami, lui dit-il, que feras-tu parmi les Turcs ? Tu seras emprisonné sous les voûtes d'un khan, avec les chevaux d'un aga ou d'un pacha ; les femmes et les enfants ne t'apporteront plus de lait de chameau, l'orge ou le dourah dans le creux de la main ; tu ne courras plus libre dans le désert, comme le vent d'Egypte ; tu ne fendras plus de ton poitrail l'eau du Jourdain, qui rafraîchissait ton poil aussi blanc que ton écume. Qu'au moins, si je suis esclave, tu restes libre !

Tiens, va; retourne à la tente que tu connais, va
dire à ma femme qu'Abou-el-Marsch ne reviendra
plus, et passe la tête entre les rideaux de la tente
pour lécher la main de mes petits enfants. » —
Parlant ainsi, Abou-el-Marsch avait rongé avec ses
dents la corde de poil de chèvre qui sert d'entraves
aux chevaux arabes, et l'animal était libre. Mais,
voyant son maître blessé et enchaîné à ses pieds,
le fidèle et intelligent coursier comprit avec son
instinct ce qu'aucune langue ne pouvait lui expli-
quer; il baissa la tête, flaira son maître, et, l'em-
poignant avec ses dents par la ceinture de cuir
qu'il avait autour du corps, il partit au galop et
l'emporta jusqu'à ses tentes. En arrivant, et en
jetant son maître sur le sable, aux pieds de sa
femme et de ses enfants, le cheval expira de fatigue.
Toute la tribu l'a pleuré, les poëtes l'ont chanté,
et son nom est constamment dans la bouche des
Arabes de Jéricho. »

Je lis un trait non moins touchant dans un
ouvrage de M. d'Arlincourt. Lorsque, en 1848,
les soldats napolitains furent chassés de Palerme
par les Siciliens insurgés, ils fuyaient le long de

la côte vers la ville de Milazzo , cherchant à s'embarquer. Leur général , préoccupé du danger qu'ils couraient et du petit nombre d'embarcations qu'il lui était possible de se procurer, ordonne d'abandonner les pièces et de tuer toutes les bêtes de selle ou de train ; mais les soldats se refusent à cette cruelle boucherie. « Ici eut lieu un épisode digne des âges fabuleux. Plusieurs chevaux ne voulurent point quitter leurs maîtres ; ils les suivirent malgré eux , et quand ils les virent s'embarquer, ils se jetèrent à la mer en poussant des hennissements plaintifs. Leurs maîtres, de loin , en pleurant , les regardaient fendre les ondes et ne pouvaient courir à leur aide ; ils les virent se fatiguer, puis s'arrêter, puis disparaître... »

IV

Il y a en Amérique un oiseau qu'on appelle le moqueur. C'est un véritable espiègle, un collégien en plumes, qui abuse de la facilité de son organe pour attirer les autres oiseaux, dont il imite le chant et les cris, et qui se divertit de leur méprise, les sifflant et les raillant, avec ses compagnons, dans son langage naturel.

Chez les lapins même, ce peuple si timide, lorsqu'ils paissent et folâtrent, il y en a toujours un qui, d'un coup de talon appuyé fortement et avec bruit, avertit de l'approche du chien, de l'homme, du renard, du milan, fait sauver la compagnie, et n'entre dans son trou que le dernier : c'est une sentinelle, et même un brave, autant qu'un lapin le peut être.

J'ai, à dessein, choisi mes exemples ailleurs
que parmi les chiens; car ma tâche eût été par
trop aisée avec ces fidèles et spirituels animaux.
Les actes d'intelligence qu'on voit d'eux à tout
moment donnent la mesure de leur instinct déve-
loppé. On a parlé de faire l'histoire des chiens
pendant la révolution; l'humanité aurait peut-
être à rougir. M. D****, honnête père de famille
que les tigres de cette époque avaient jeté sous les
verrous, était visité chaque jour par ses deux
petits enfants en bas âge; ils n'avaient d'autre
conducteur que le chien de la maison, qui leur
servait de Mentor dans leur voyage. Le bon animal veillait sur eux, avait soin de les faire
éloigner des voitures, faisait écarter les passants
et ramenait ses protégés toujours par le même
chemin. L'illustre reine, Marie - Antoinette,
trahie par les hommes, avait conservé au Tem-
ple un beau chien noir, dont l'attachement
était pour elle une distraction et comme une hum-
ble consolation. Quand elle fut transférée à la
Conciergerie, ses bourreaux ne laissèrent pas entrer
la pauvre bête; mais celle-ci s'établit à la porte

malgré tous les mauvais traitements, n'en bougeant
que pour aller chercher un peu de nourriture dans
les maisons voisines , où elle en recevait abondam-
ment.

En 1795 , deux ans après l'assassinat de sa maî-
tresse , ce chien était encore à son poste.... Dans
ce temps d'exécrable mémoire , il fallait se lever
dès trois heures du matin , et attendre , au milieu
des boues et de la neige , ainsi que des mendiants ,
un peu de subsistance aux portes des boulangers et
des bouchers. Le malheureux qui passait une partie
de la nuit à la belle étoile , n'était pas encore sûr
d'avoir sa ration à onze heures du matin , et quelquefois il revenait chez lui les mains vides. Un
vieillard , dans cette mêlée, se trouvait toujours
écarté par les plus forts ; il eut recours à son chien.
Il lui attachait un petit sac noir au cou , mettait
dedans la carte au pain et la carte à la viande , et
l'envoyait chercher la ration. Notre commission-
naire , peu soucieux d'attendre son rang, passait
entre toutes les jambes, bien qu'il portât pour nom
Laqueue. Une fois parvenu à la boutique , il s'y
glissait , grattait la jupe de la bouchère affairée , se

dressait sur ses deux pattes de derrière et indiquait clairement l'objet de son ambassade. On mettait alors au fond du sac la demi-livre de viande, portion assignée à chaque individu pour cinq jours. *Laqueue* repassait lestement par la même route, rapportait à la maison le lopin pour faire un peu de bouillon, et retournait ensuite chercher le quarteron de pain et l'once de riz. C'est ainsi qu'il fut pour son maître un garde-malade, un pourvoyeur et un ami. Heureux d'ignorer ce que les hommes faisaient alors de leur raison ! — Il y a à peine deux ans qu'à Paris un homme qui voulait noyer son chien dans la Seine et qui l'y repoussait à coups de bâton, étant tombé lui-même dans l'eau, fut sauvé par le généreux animal. A Villebadin (Orne), en 1845, M. Gui....., respectable propriétaire, la providence des pauvres, avait une chienne de chasse qui ne le quittait pas. Cette chienne aimait particulièrement un des fils de la maison, qui était au collége d'Argentan. Je laisse à deviner les caresses et les fêtes quand arrivaient les vacances de Pâques ou de septembre, mais aussi les cris de détresse quand on voyait préparer les malles. Une fois le jeune homme était parti de grand matin, sans dire adieu à la chienne de la maison. Celle-ci n'avait pu l'oublier ; et, pour éviter un semblable malentendu, ayant deviné, un soir, que la séparation était pour le lendemain, elle se glissa dans la chambre pendant la nuit, monta sur le lit, jeta par terre les habits de son maître et se coucha dessus, comme si elle se fût dit : « Il ne partira toujours pas sans ma permission, à présent ! » Pourtant il partit, avec permission, il est vrai, et après de légitimes adieux ; mais la chienne alla s'établir à la porte de l'herbage par où il avait disparu ; elle y attendit huit jours entiers, ne voulant point de nourriture. Un matin on la trouva presque morte de faim.

Admirons donc et louons la Providence, qui nous instruit par toutes ses créatures. Les animaux nous sont, certes, bien inférieurs, puisqu'ils sont privés de raison et de liberté ; mais n'oublions pas que, plus heureux que nous, ils n'offensent jamais Dieu, ils ne s'écartent point des règles qui leur ont été tracées. Voilà pourquoi un saint François d'Assise les aimait tant et ne craignait pas de s'entretenir avec eux comme avec des frères dans l'ordre inférieur de la création. C'est qu'il voyait en tout le Créateur suprême et qu'il se servait de tous les êtres pour élever vers le Très-Haut les pensées de son esprit et les affections de son cœur.

F I N.

— Lille. Typ. L. Lefort. 1860. —

Imprimé en France
FROC021820200120
23227FR00024B/386/P